MODERN MAN IN SEARCH OF A SOUL

Carl G. Jung

LOFT
有质量的心理阅读

寻求灵魂的现代人

[瑞士] 卡尔·古斯塔夫·荣格　著

黄奇铭　译

上海译文出版社

图书在版编目（CIP）数据

寻求灵魂的现代人／（瑞士）荣格（Jung，C. G.）著；黄奇铭译.
—上海：上海译文出版社，2016.7（2022.10重印）
（Loft）
ISBN 978－7－5327－7114－1

Ⅰ.①寻⋯　Ⅱ.①荣⋯　②黄⋯　Ⅲ.①精神分析—研
究　Ⅳ.①B84－065

中国版本图书馆 CIP 数据核字（2015）第 286295 号

Carl G. Jung
Modern Man in Search of a Soul
Simplified Chinese Copyright © 2016 Shanghai Translation Publishing House
本译文由台湾志文出版社授权

寻求灵魂的现代人

［瑞士］卡尔·古斯塔夫·荣格／著　黄奇铭／译
责任编辑／范炜炜　装帧设计／未氓设计工作室

上海译文出版社有限公司出版、发行
网址：www. yiwen. com. cn
201101　上海市闵行区号景路 159 弄 B 座
山东韵杰文化科技有限公司印刷

开本 787×1092　1/32　印张 10　插页 5　字数 157,000
2016 年 7 月第 1 版　2022 年10月第 2 次印刷
印数：4,001—6,000 册

ISBN 978－7－5327－7114－1/B·417
定价：58.00 元

目录

译　序

"精神分析"（psychoanalysis）这一名词在中国的学术界已不再令人感到陌生。近几年来，有关心理分析学大师弗洛伊德的介绍作品相当多。研究心理分析的学者并不只限于弗洛伊德一人，而向弗氏学说提出批评及补充的学者亦不乏其人。本书的作者荣格（Carl Gustav Jung）便是其中的一位。

《寻求灵魂的现代人》（*Modern Man in Search of a Soul*）一书在一九三三年即已问世。现代人的精神苦闷，对于科学文明的厌倦与抵抗，西方人及其对物质文明破坏、扰乱东方世界等现象，作者在本书里有非常精辟而独到的见解。他不但为我们指出这些现象，而且还为我们现代人开出一帖解救精神痛苦的药方。

现代人的精神之所以苦恼，部分是由于缺乏宗教的信仰寄托。当基督教从西方传到东方时，东方人对之所产生的不同反应，作者在本书里也有详细的分析。

现代文明乃是几千年来人类的努力结晶，可是物质文明的进化并无法掩饰人类内心所具有的原始民族之心灵特性。在这方面，由于作者从一九一三年起即陆续到过北非、美国西南部的山区、肯尼亚、乌干达、印度等地，与当地的原始民族生活在一起，因此他对原始民族心灵特性的了解特别深入，对于原始民族与现代人的共同点，他也做了一项独到的探索工作。

荣格的治学态度令人折服。当他与弗氏反目后，弗氏一派的人对于他的学说及态度殊多诋毁，可是荣格本人却未改变其对弗氏的敬佩与感激态度。他承认，弗氏的学说仍然有其道理在，虽说其看法不免有所偏差与缺陷。可是，在他看来，缺陷到底亦是属于其学说整体的一部分。此种坦诚的态度也是他伟大的地方。

译者为使读者对于作者的生平及学术成就有概括性的了解，特选译出有关荣格的介绍文章附于本书之前。

本书拉丁文及梵文部分蒙耕莘文教院美籍神父傅良圃及好友张平男兄鼎力协助，本书定稿承蔡逸价小姐及马敬业先生帮忙校对，译者在此一并致谢。

译者才疏学浅，难免有挂一漏万之处，尚请海内外贤达不咨指教。

　　译者只凭对于精神分析的一股热衷与兴趣，便大胆将本书译成中文，因此书内有关精神分析的专门术语乃是承蒙台大医院精神科医师曾炆煋、林克明先生帮忙订正的，译者在此特致谢意。

　　　　　　　　　一九七一年六月　于台北龙泉书斋

荣格的生平与心理分析学

卡尔·古斯塔夫·荣格，分析心理学的创始者，诞生于瑞士康斯坦斯湖区的小镇凯斯维尔。当他四岁时，即迁居于巴塞尔，那是他母亲的出生地，此后，他一生的教育便是在当地完成的，医学博士学位也是在那里获得的。

荣格从小即对生物学、动物学及古生物学有浓厚的兴趣，成年以后，他的兴趣才转向医学。此外，哲学及宗教亦深深地吸引着他。历史上的伟人，诸如柏拉图、亚里士多德、圣奥古斯丁、圣托马斯·阿奎那、帕拉塞尔苏斯、柏麦、歌德、卡拉斯、尼采、叔本华和弗洛伊德等，都直接或间接地影响了荣格。对于神秘主义及神话的研究，他亦极为热衷，因此，他一生中的事业带有两大特色：一是自然科学，另一方面则是人文科学。在他看来，这才是心灵结构的真正面目。

早期对精神医学的努力

荣格大学毕业后，便进入苏黎世大学的精神病治疗中心，当布洛伊勒教授的助教。一九〇二年，他提交了一篇论文，题为"论神秘现象的心理学及病理学"，因而获得了博士学位。该文的主张——每个人都有一种追求"心灵完整"的自然性向——便成为他日后的基本概念。是年，他即首赴巴黎，受教于皮埃尔·雅内门下有一学期之久。然后又转往伦敦，继续他在精神病理学上的研究。次年，他与艾玛·劳申巴赫结婚。婚后，举家定居于苏黎世湖滨的屈斯纳赫特，直到逝世。

结婚前后的几年，他与几位在苏黎世大学的助手开始着手于系统性的研究，完成了他的第一部著作——《词联想的研究》。在该书里，他所运用的试验方法便是他后来从事于心灵中无意识研究的探讨法，这些无意识观念，他称之为我们今日所熟知的"情结"（complex）。联想测验法使他一举成名，美国的克拉克大学为之授予名誉博士学位。今天，所有精神病院及其他有关人格的医疗机构都常应用到它，同时，这亦是促使他和弗洛伊德成为莫逆之交的原动力。

荣格通常都被大家认为是弗氏的不忠实门徒。这是错误的想法。荣格与弗氏交往期间，确实吸收了不少他的观念及方法，可是荣格的著作及观念却早在他着手于精神病学之研究时就萌芽了。我们深知，荣格不可能会做一辈子的弗氏门徒，以他的才华，这种关系是不可能长久存在的。因此，他们之间的合作不过持续了六年（一九〇七——一九一三）而已。这段期间，他们曾于一九〇九年联袂到美国作巡回演讲，他还当过布洛伊勒与弗氏合著的《心理学及精神病理学研究年鉴》一书的主编，以及国际精神分析学会的会长。他们关系破裂的种子，则早在一九一二年当荣格于其《变形象征》一书中，尝试运用神话比较法去分析一位少妇的梦及幻想意义时，就种下了。此书一问世，荣格的地位立即有新的变化。他无法再接受许多弗氏的重要理论，诸如愿望实现论及幼儿性欲等。为了与弗氏的"心理分析"、阿德勒的"个体心理学"区别起见，他称自己的心理学为"分析心理学"。日后，他甚至称其理论部分为"复杂心理学"，因他的心理学所包罗的题目极为繁杂。

荣格与弗氏最大的不同点，在于分析世界观时方法上的差异。弗氏的论点仍然限于十九世纪的理论，而荣格的论点却是属于二十世纪的。

一九〇七年，荣格辞去大学里的助手工作，一九一三年又辞去大学讲师之职，以便开始专注于其私人的医学及心理治疗的科学研究、著作与旅行。

旅行及心灵上的探讨

一九一二年至一九一三年两年之间，荣格的足迹遍及法、意、美诸国，一直到第一次世界大战来临后，他的旅行方才终止。他曾屡次与原始民族接触。一九二〇年，他到过非洲的突尼斯及阿尔及利亚；一九二四年至一九二五年间，到过新墨西哥州及亚利桑那州的印第安人区；一九二五年至一九二六年间，到过肯尼亚的埃尔贡山区与当地居民同住；后来他还到过埃及。在这些旅行探险中，他的目标是要尝试寻觅出现代西方人与原始民族两者之间，其无意识心灵内涵的异同所在。此外，他还从事亚洲文化的研究，诸如佛教及印度教学宗教象征及现象学，而老子与孔子、禅学亦深深地令他着迷。

荣格的著作广泛丰富。除了精神医学外，他的兴趣亦涉及希腊罗马神话、教父学及基督教的神秘主义、直觉、犹太教的神秘哲学、炼丹术、物理学和准心理学等。凡是可提供了解人类灵魂秘密的东西，他都无所不学。他认为，炼丹术及其哲学是与人类心灵发展过程最有直接关系的科学。他曾著有《早发性痴呆症的心理学》一书，对于早发性痴呆症（即精神分裂症）的心理探讨及妄想研究，甚有贡献。

主要贡献

从荣格几近两百种大大小小的著作中，我们可窥见其研究工作范围之广。他的著作已被翻译成所有欧洲及部分亚洲语言。下面是有关其主要观念的简要叙述：

（一）力比多观念（libido concept），即包含性欲及通过心灵、时隐时现、促使心灵事件产生的主要能量。

（二）心灵是一个自我调节的体系，其间意识与无意识有相辅相成的关系存在。

（三）启发式的无意识有两种不同的内涵存在："个人无意识"以包含源自个体的材料为主；"集体无意识"以包含源自种族的材料，即那些受种族行为、动作及心灵反应所左右的材料为主。这些材料，荣格称之为原型，是些出现于人的梦、幻觉、幻想、神话、宗教观、童话、冒险故事与各时代的文学作品和文化里的东西。

（四）在心灵迈向整体、成熟的个体化过程中，原型是结构的因素，同时亦是无意识心灵材料及动力因素的主要调节因子。此过程的特色是，意识与无意识互相接触。

（五）宗教心灵功能的发展对于心理健康具有极大的影响力，一受到压抑，便可能引起心灵上的不安现象。

（六）人的个性有两种类型：内向与外向，此外可再细分为思考型、直觉型、知觉型及感觉型四种。

（七）经由梦，我们可了解梦者的投射对象，而且可使症状容易消失。与弗氏的还原分析法不同的是，荣格的方法注重对于无意识过程未来的矫正工作。

（八）荣格将神经症从生物及本能中解放出来，并且为它赋予了精神上的意义。

（九）内在与外在事件的巧合并发性，可用来当做解释反因果律的事件，诸如：预感、预言性的梦等。

（十）积极想象法：充分利用心灵创造象征物的能力，把无意识的内涵，以文字、音乐、绘画、雕刻、舞蹈等方式表现出来，以消除心理上的不安现象。

声誉与职位

上述各项伟大成就深受海内外人士的赞誉，荣格因而声名大噪自属意料中事。美国的克拉克、福德汉姆、耶鲁及哈佛等大学都争相授予他名誉博士学位；此外，英国的牛津大学、印度的加尔各答大学、贝拿勒斯大学及阿拉哈巴德大学、日内瓦大学及苏黎世联邦工业研究所亦都对其趋之若鹜。一九三二年，荣格接受苏黎世文学奖；一九三八年，被选为英国皇家医学会名誉会员；一九四四年，被公推为瑞士医学学术院名誉会员。同时，他亦担任巴塞尔大学的医学心理学教授、瑞士联邦工业研究所的哲学及政治学名誉教授。

荣格的为人

单凭荣格的科学及职业成就去衡量他的天才是不公平的。他是一位有极尖锐矛盾及突出个性的人。他性喜沉思，却又天真爽朗；有敏锐的感受，亦有纯朴的一面；保守而虔诚，顽固兼容忍，幽默又严肃，冷漠超然却又关爱他人。除非他正为一部著作百思莫解，否则，他总是给人一副随和、亲切的印象。他一向都很乐意与人交换意见。

弗氏为现代人打开了通往心灵研究及心理治疗的门径。荣格却带领我们向心灵作更深一层的探讨，他为二十世纪人类在恐怖中所遭遇的无我及原始力揭露了真相。每当他解答那些难解谜题时，总是不厌其烦地重复下面几句话：

> 我深信，心灵的探讨必定会成为未来一门重要的科学……这是一门我们最迫切需要的科学。因为世界发展的趋向显示，人类最大的敌人不在于饥荒、地震、病菌或癌症，而是在于人类本身；因为，就目前而言，我们仍然没

有任何适当的方法，来防止远比自然灾害更危险的人类心灵疾病的蔓延。（一九四四，荣格。）

荣格的主要作品

1902：*On the Psychology and Pathology of So-called Occult Phenomena*

1906：*The Psychology of Dementia Proecox*

1916：*Collective Papers on Analytical Psychology*

1916：*Psychology of the Unconscious*

1923：*Psychological Types*

1928：*Two Essays on Analytical Psychology*

1933：*Modern Man in Search of A Soul*

1938：*Psychology and Religion*

1949：*Essays on the Science of Mythology*

1953：*Psychology and Alchemy*

1959：*Flying Saucers*

英译者贝恩斯序

　　在过去的十年里，很多来自不同渠道的证据表明了以下事实：西方世界已经站在了精神重生的边缘，换言之，其对于人生价值的态度将发生根本性的变化。经过了一段长期的向外探索之后，我们再一次把目光投向了自身。大家普遍承认，往昔对事实本身的兴趣，确已渐渐转移到这些事实对于每个个体所具有的意义与价值上来了；然而，当大家开始讨论对于这种转向所期待的未来前途时，不同的人群便各持己见，议论也跟着丛生了。

　　那些笃信宗教的人主张，那即将来临的精神重生，意味着天主教或新教的重新振兴。他们眼见成千上万的人们重新投入了教会的怀抱，想要治愈饱经战乱后的混乱与痛苦，寻求一条脱离苦海的生路。他们断言，重新对基督教教义生起信心，将

把我们带回安定的生活，同时为我们寻回这个世界失去已久的
灵性。

另外一大批人则认为，精神要想获得新生，唯一的办法是
把目前存在于大家心中的宗教观念完全摒除。他们说，宗教是
野蛮人的迷信残留，应该代之以新兴的、长期的"启蒙"阶
段。人只要正确地运用他的知识，特别是经济与技术方面的知
识，那么世上一切贫穷、无知及贪婪等恶魔，必将销声匿迹，
人们亦将回到失去的乐园。他们认为，精神重生唯有诉诸理
性，而知识分子将引领人类的命运。

除了传统信念与激进理性主义这两种极端看法之外，更多
有关人类心灵下一步进化的意见被提出来。有一批人采取较为
中庸的立场，他们明白，基督教的教义已无法满足他们的需
求。不过，他们无法否认，怀有宗教态度的人生和相信科学的
可靠性，两者同样重要。这些人曾经在肉体上与精神上都有过
同样深刻的体验。他们认为，传统的神学或物质论都无法圆满
解释精神诉求。他们不愿意将其内心所具有的虔诚感和理性倡
导的科学事实割裂成两截。他们深信，倘若能进一步地了解其
心灵内在工作的知识，进一步地获得那些支配心灵的微妙而准
确的规律，他们就能取得一种新的人生态度。一方面可免于回
头研究那神秘的中古神学；另一方面，可免于沦陷于十九世纪

观念学的幻影。

　　荣格以极恳切的态度写成此书献给最后这批人。他毫无保留地把他多年来作为一位心理学家与分析学者所获得的宝贵经验，和他对于精神的知识加以综合，写成了这样一部人人可以理解和实践的专著。他为现代人汲汲以求的心理特质与功能提供了许多线索。他在我们面前提出的观点，可以说是一种对心智的挑战，会在每个人的心中引发活跃的反响，促使每个读者产生一种进一步去探寻的冲动。

　　除一篇例外，本书其余各篇都是曾经发表过的讲稿。其中有四篇是以德文散见于其他书中，另外的六篇则以英文与读者见过面了。

　　感谢拉斯罗夫人在《心理医生与牧师》一文中为我们提供了不少有益的见解。荣格博士及其夫人亦很热情地帮我们审阅了部分译稿，并且给予批评指正。

英译者　　贝恩斯

一九三三年三月　于苏黎世

寻求灵魂的现代人　英译者贝恩斯序

梦的分析之实际应用

在心理治疗中应用梦的分析，这至今仍然是一个广受争论的问题。许多医生认为，梦的分析在治疗神经症中不可或缺，因此他们就把梦中的心灵活动视为是与意识本身同样重要的东西。另外有一些人则对于分析梦的价值感到怀疑，把梦视为心灵活动中无足轻重的副产品。

显然，假如一个人认为无意识在神经症的形成过程中具有相当重要的作用，那么，他必定会把梦视为无意识的直接表现。相反地，假使他认为无意识在神经症的发展过程中没扮演什么角色，他自然要把分析梦的价值大打折扣了。很遗憾的是，直至一九三二年，即卡鲁斯创立无意识观后的五十多年、康德发表"模糊观念的不可测量"言论后的一百多年、莱布尼茨假定有所谓无意识的心灵活动后几乎已二百年，更遑论雅内①、弗卢努瓦和弗洛伊德等人的成就了——直到今天，无意识的真实性居然还是大家争论的问题。鉴于我当下的目的只是要谈论实际临床的治疗问题，因此不愿在此为无意识的假说作任何辩护，虽说梦的分析很显然是和该假说关系相当密切的。缺少了无意识的概念，梦只能算是一种自然的恶作剧，一种白天发生过的事情所留下来的一堆无意义的记忆残留物。果真如此，那么本书也就不必展开讨论了。我们需要在承认无意识的重要性的基础上讨论梦的分析，因为我们并不把它视为只是一种理性的活动，而是将之视为至今仍然属于无意识、和神经症互有因果关系以及在治疗过程中有极大重要性的方法。凡是无法接受此一假说者，当然也要把分析梦的实际价值剔除了。

可是，既然根据我们的假设，无意识与解决神经症形成问题有因果关系，而且梦是无意识心灵活动的直接表现，那么，从科学的眼光来看，梦的分析解释的工作当然是顺理成章的事了。除了治疗结果外，我们也可期望此一努力将会使我们对于心灵方面的因果道理给出较科学的看法。不过，对于一位医生

---

① 皮埃尔·雅内（Pierre Janet，1859—1947），法国精神病学家，从事歇斯底里、分裂、环境及联想治疗法的研究，拥护心灵有能量说。——译者

而言，科学上的新发现至多只是他在治疗过程中产生的一种副产品而已。就算他明白梦的分析法对于探讨心灵因果关系的问题有所裨益，他也不可能马上就把它应用到治疗病人上。当然，他也许会认为，在这种情况下所得到的发现是有治疗价值的——在这种情况下，他更将会把梦的分析视为职业上的责任之一。大家所熟知的弗洛伊德学派便赞成，重要的治疗功效只有在寻出无意识的影响因素——将这些因素解释给病人听，以便让他明了自己毛病的根源何在——的前提下方能达成。

目前，我们如果先假定这种假说可用事实来证明，那么我们便可先讨论是否梦的分析可以使我们找出神经症的无意识原因，是否这种方法可不需借助别的方法，或必须和其他方法联合才能奏效。我可以大胆地说，弗洛伊德在这方面的回答是毫无问题的。当我发觉能从梦中毫无差错地找出导致神经症形成的无意识内容时，我就更加相信此一看法了。大体上，"初期"的梦——即病人于治疗的初期所叙述的那些梦，达到此一效果的较多。举个例子来说明也许会更清楚些。

曾经有一个在社会上很有地位的人来请教我。他有焦虑（anxiety）和不安全（insecurity）的感觉。他向我诉苦说，有时候头一晕就会作呕，常觉头重、呼吸困难——这些正是"高山病"的病征。他的事业非常成功，由于心怀大志，再加上他的努力与才华，他已从一位贫穷的农夫之子一跃而为成功的企业家了。他更一步一步地往上爬，最后到了一个有机会使他晋升社会地位的位置。当他确已爬到一个可跻身上流社会的地位时，突然患了神经症。故事讲述至此时，已无法不说出一般我们常听到充满戏剧性的话："就在这个时候，当我……"他患有高山病的病征正和他所处的特殊位置不谋而合。他带来了两个前一晚所做的梦，想请教我。

　　第一个梦如下所述："我又再一次回到我出生的小村子。街上站着几个和我一道上学的农夫的孩子，我经过他们身边时，假装不认识他们。我听见他们之中的一个指着我说：'他不常回到我们村里来。'"要了解或认识这个人事业的卑微开端无需费太大的麻烦。他的梦已说得很清楚："你忘了你是从多么低的地位发迹的。"

　　下面是第二个梦："因为我要去旅行，所以很匆忙。我要收拾行李，但找不到。时间一分一秒地过去，火车马上就要开走了。最后我终于把东西全都准备好了。我赶快往街上跑，但又发现忘了带一个装有很重要文件的公事包，因此我又上气不接下气地冲回家。找到了包，再往车站跑，可就是跑不动。最后我使尽全力，冲到了月台，此时正好看到火车冒着烟行驶在车站外。那是一段很长的距离，成 S 形状的曲线。我当时想，假如司机不小心，假如他刚驶至直线道时便加足马力的话，后面的车厢一定还在曲线道上，那些车厢一定会因火车的速度而被抛落轨道外。当我正要喊出来时，司机打开了油门。后几节的车厢摇动得很厉害，最后果然被抛出轨道外。当场发生了一场大车祸。我从惊慌中醒来。"

于此，我们也同样很容易就可了解这个梦的涵义。它表明了该病人那种非常想更上一层楼的狂热。司机在火车前头无忧无虑地往前驶，后面的车厢却摇动了，最后还翻了——这便是导致其神经症的原因。很显然地，在生命的这一时期，病人已达到事业的高峰——他长时期从下往上奋斗的努力已经使他筋疲力尽了。他应该满足于他的成就，可是他却不然，还是雄心勃勃，一心一意想要爬到不适合于他的成功地位。神经症于是来警告他了。环境不允许我去治疗这位病人，我对他所处情况的看法也无法使他满意。结果事情按他梦中所显示的状况发生了。他在事业上冒险尝试他的野心，而做法已离正轨太远了，因而"火车出轨"的事件也就真的发生在了实际生活里。根据病人的叙述，我们可推断，他的高山病肯定地说明他再也无法往上爬了。此一推想经由他的梦证明，他确已无能为力了。

因此，我们基于梦的特征，当讨论到治疗神经症时，梦的分析的重要性应排第一位。梦把主观的状况如实描绘出来，然而意识不是否认其存在，就是很勉强地承认而已。病人意识的自我看不出为什么他不可以按部就班地前进；他仍然努力以求上进，拒绝承认那明显的事实——即他已到了强弩之末。此时在这种情况下，我们常会听任意识的指挥，我们常会犹疑不决。我们也可根据病人的叙述引出相反的推断。毕竟，一位士兵可以在他的背包里带根元帅用的官杖，而许多穷农夫之子也在事业上非常成功啊！为什么就是我的这位病人不可以呢？既然我的推断也可能有错，什么理由证明我的推断比他自己的更可靠呢？此时正好他的梦表现出不受意识左右的一种不情愿的心理现象。所发生的结果和其主观的感觉正好不谋而合。它既没理睬我的推断，也不管病人的看法，它只说明事实的真相如何。因此，我就决定从心理学的领域来研究梦。假如糖出现在尿里，那么尿里就有糖分，我们绝对不会猜想那是蛋白质或尿胆素或其他东西。换句话说，我把梦当做是诊断的无价之宝来看待。

梦所提供的超过了我们所请求的，这一点从上面我所举的例子里可得到说明。这些例子不仅使我们了解神经症的原因，而且也可为之开出药方来。另外，它也指示我们治疗应该从什么地方开始。病人必须要停止再进一步往前走。这正是他的梦要他做的事。

目前能够收获这些线索，我们就很满足了。现在，让我们再回到梦能否为我们解释出神经症的原因这一问题。我已经举了两个梦的例子来说明。当然我同样也可以举出一大堆对神经症的解释毫无贡献的初期梦例，而且它们很易懂。但我暂且还不想论及那些需要探求、分析和解释的例子。

某些复杂的神经症，其真正原因一直到我们分析的最后阶段才能被找出来；而且也有很多病人，即使其神经症的原因已被发现，仍然无济于事。再回到上面提过的弗洛伊德的观点，他认为为了治疗目的，病人需要知道使他自己心神不安的因素——其实这只是创伤论的老调重弹而已。当然，我并非不承认有很多的神经症其原因是来自创伤的；我只是要指出，并非所有的神经症都可归入这一类，也并不一定毫无例外地起因于孩童时代的残酷经验。这种讨论问题的方法会导向一种决定论的态度。医生非把全部的注意力放在病人的过去不可，老问"为什么"而忽略了同等重要的问题："为了什么"。这经常对病人造成伤害，因为他常要被迫从他的记忆中——也许已掩埋了许多年——找出他孩童时代曾发生过的事件，不知不觉间反而把就近的一些重要事件都忽略了。由于决定论本身太狭隘了，因此对于梦或神经症的真正含义也就无法作适当的说明。如果有人认为梦的唯一作用是找出神经症的原因，这也是一种偏见，因为如此一来，就忽略了梦的大部分贡献了。上面我们举的梦例，当然可解释神经症不少的病因；而且很显然，这些梦例也能提供我们药方，或对未来的预期，以及治疗的办法。进而，我们也要记住一点，有很多的梦并没提及任何神经症的原因，它们只是论及完全不同的事情——其中包括病人对医生的态度。以下，我想再举出同一个病人的三个梦例来说明这一点。她前后已请教过三位精神分析师，在每次治疗的初期，她做了下列三个梦之一。

第一个："我得通过国界线到另外一个国家，可是无人可告诉我国界线在哪儿，我也找不着。"做过此梦之后的治疗不见效果，因此只好放弃。

第二个如下所述："我得通过国界线。那是一个伸手不见五指的夜晚，我找不着海关大楼。过了很久我才看见远方有个小灯，我想国界线一定是在那边。可是要到那边，我得通过一个山谷，穿越一片黑漆漆的森林，在那里面我迷失了方向。突然间，我发觉身旁有个人跟我同行。此人像是一个疯子一样猛然抓住我不放，我在惊慌中醒了。"做过此梦之后几个星期，治疗就中断了，原因是，病人对治疗师无意识地认同自己感到迷惑。

第三个梦是当病人来找我时所说的，如下所述："我得通过国界线，或者说，我已经通过了，而且到了瑞士海关。我只带了个手提包，我想没有其他东西好让他们检查的。但是海关职员把手伸进我的行李袋里，奇怪的是，他竟掏出两个大垫子。"病人于找我治疗期间结了婚，但她走到这一步伴随着强烈的阻抗。好几个月后，她的神经症病因才真相大白，可是从这些梦例中我们却看不出任何提示。很显然，这些梦只是说明与预示当她找分析师治疗时会碰到的困难。

我还可举出许许多多相同效果的例子，可是我想以上这些就足够说明，梦是种具有预期性的东西。像这种情形，假如我们用决定论来处理它们，就把握不住其特殊意义了。这三个梦例清楚地说明了分析的情形，就治疗的目的而言，正确认识这一点是非常重要的。第一位医生了解到这种情况，所以把病人转介给第二位。此时，她便根据自己的梦径自下结论了，于是她决定离开。我对她第三个梦的解释令她大失所望，可是她仍然鼓起了勇气，经过一番艰苦努力通过了国界线。

初期的梦通常都非常容易明了，而且清清楚楚。可是一旦分析的工作开始进行，梦就不再显得那么容易了。如果梦仍然清晰可解，那么我们可以肯定地说，我们的分析仍未触及人格的某些要害。一般而论，在治疗开始之后，梦是会渐渐变得不清楚的，会愈来愈模糊，渐渐地会很难解释得通。不过，也许我们有时会很快地认为，医生已经无法了解整个情况了。这种讲法有其道理，我们说梦是不可解的，其实只是医生的主观意见。没有什么是不可理解的，只因为我们无法理解，我们就说它不可理解、杂乱不堪。就其本身而言，梦是清晰的——换言之，梦是在特定情况之下的必然产物。假如我们从治疗的较后期或几年后看所谓的"不可思议"的梦，我们常会对自己当时的无知感到无比惊讶。当然事实是，在治疗的过程中，和初期的梦例比较起来，后期的梦常会非常暧昧难解。可是作为医生不应该遽下结论，把这些梦视为一堆乱糟糟的东西，或马上就责备是病人有意阻抗。他最好把这种情况看做是自己愈来愈无法了解现实情况。精神治疗师常会自己迷惑起来，而把自己这种迷惑的感觉"投射"出去，指称是病人迷惑了，其实是医师面对病人不寻常的行为，自己不知所措。为了治疗的目的，心理分析师也应适当地承认他缺乏了解才行，因为病人难以承受老是那么容易让他人看透和了解。当病人太依赖医生的神秘洞察力和这种职业荣耀时，会为自己埋下陷阱。太相信医生的自信心及"深奥的"了解力的话，病人常会失去真实感，常会陷入顽固的移情作用（transference）之中，反而把康复的日期拖延了。

　　了解显然是一项主观的程序。它可能非常局限于单方面的了解，因为医生了解了，病人却不然。在这种情况之下，医生常把说服病人视为其职责的一部分，假如病人不愿意被说服，医生便断定他阻抗。每当了解只局限于我一方面时，我总是强调自己尚缺乏了解。其实医生了解与否并不重要，重要的是病人。真正重要的是双方经过共同研究达成深层共识。因此，医生的了解工作，如果随随便便根据某种原理就为一个梦遽下判断，此一判断在理论上虽站得住，但却无法取得病人同意的话，那么结果必定非常危险而且不公平。只要一有上述的判断出现，实际上必定是错误的；另外，如果了解的结果能预期病人将来的行动，但这行动阻碍了病人的正常发展的话，那么这种了解必定不正确。我们必须依靠病人的大脑找出真相；在他的进展过程中我们对他有所帮助，那么我们才可说是已真正触及了他的内心深处，这种做法将更能感化他、影响他。

　　如果医生的解释只凭其单方面的理论或先入为主的意见，那么他说服病人或得出任何治疗效果的机会就须完全依靠"暗示"了。不过，请大家千万别上这种暗示的当！暗示虽然无可厚非，却有很大的缺点，它常会很不经意间抹杀掉病人的独立人格。从事实际工作的分析师应该确信将意识领域扩大的意义与价值——将往昔人格中无意识的部分揭发出来，使之被意识部分识别与评判。做这种工作，病人需要勇敢地面对问题，充分地发挥他的判断力与意志力，其难度不低于对伦理道德的挑战，是一种需要全心全力来响应的号召。因此，论及促进个人发展，心理分析比暗示治疗法要更有秩序。暗示就像是一种在黑暗中表演的魔术一样，并不要人在人格上做任何努力。暗示治疗法是自欺欺人的东西；它和分析治疗法的原理简直是不可同日而语，我们不该采用。可是要把暗示法完全放弃不用，必须医生本人对于它所可能产生的种种后果有十分的警觉才行。因为有时我们还常会有无意识暗示的情况发生呢！

　　分析师想把有意的暗示法抛弃的话，就要把所有无法获得病人肯定的梦的分析方法都视为无稽之谈，就得继续研究，一直到找到行得通的方法为止。我想，我们应该坚守此原则，特别是处理那些因医生与病人双方都缺少了解而显得晦涩难解的梦时更是如此。医生应该视每一新的梦例为研究的新门径——把它当做是对于病人和他自己而言，去了解未知情境的信息来源。当然他不应根据某一特殊理论而存有先入之见，他应随时随地都准备在每一案例中创造出一套与往昔全然不同的、有关梦的新理论。因此在这一领域，目前仍然蕴藏着无穷尽的开拓空间。

　　认为梦只不过是一些受压抑的愿望所表现出来的幻象的看法，老早就已经没人采信了。当然有些梦确是属于受压抑的愿望或恐惧的表现，可是那些即使是梦也无法表现的部分我们该怎么来认识呢？梦可能会表现出那些不变的真理、充满哲理的论断、幻想、视野的幻象、记忆、计划、期望、无理性的经验，甚至于心电感应的幻觉以及其他说不尽的东西。但我们不该忘记：我们几乎大半生都是在不知不觉中过的。梦就是无意识的特殊表现。我们可把意识称为人类心灵的白昼，而我们似梦的幻象的无意识心灵活动则属于夜晚部分。我们可确定，意识不只包括愿望与恐惧，也包括了其他很多东西。另外，也许无意识的心灵部分包含有大量的信息，和意识等量或甚至比它更多的信息，因为意识还须进行浓缩、精炼与排除工作。

事实既然如此，我们就不可为了适应某些含有偏见的治疗意见而把一个梦的意义曲解了。我们应该记住，有不少病人常会模仿医生在技术上或理论上的套语，甚至在他们的梦中也会这样做。每一种语言都会被人误用。我们无法说清受了多少观念的误导；甚至无意识也常会使一些医生落入自己的理论漩涡中而不能自拔。当然，我们不可能完全把理论撇开不谈，因为我们需要拿它来说明问题。譬如说，我正是以理论为基础，才会去期望每个梦都有其意义的。我不可能每次都有办法证明梦有其意义，因为其中有很多医生和病人都不了解的东西。不过，首先我得从理论上确信这些梦有其意义存在，然后才能有信心去处理它们。当说到梦在帮助我们了解意识方面有相当重要的贡献，以及凡无此贡献者皆未经正确的解释——当然也是一种理论上的讲法。可是我之所以采用此一假说，是为了说明我为什么要分析梦的原因。另一方面，每个有关梦的特质、功用和结构的假说，我们都只能把它当做是一种经验总结，随时随地都有修正的必要。我们在做梦的分析工作时，应每时每刻都牢记一个原则，即我在危险的路上走，前程充满不确定。这里有句话可作为梦的分析师的适当警告——希望这句话不至于自相矛盾——"你乐意怎么办就怎么办吧！只要不处心积虑去了解就行了。"

当我们碰到一个难解的梦，首先我们并不需要去了解或解说它，而是要小心翼翼地去找出其前因后果。我脑海里并非充满无数有关梦的每个意象的"自由联想"，而是对某些与此意象有直接关系的特殊联想做出审慎而有意的观察。很多的病人首先应具有这方面的知识，因为他们有迫切的冲动促使医生去了解和解释梦，并过分干预。尤其是他们从书本上或一些旧的错误分析法中得到了一些观念——换句话说，被误导了。他们根据某种理论说出其联想；换言之，他们自己尝试去了解和解释梦，结果常深陷泥淖中不能自拔。和医生们一样，病人希望马上能把梦弄个一清二楚，因为他们有个错误的想法，认为在梦的假面具后一定深藏着真正的含义。也许我们可把梦视为假面具，但我们该记得，大部分房子的门面并不一定是个假面具，而相反的，是按房子的建筑蓝图建造的，因此常能暴露出其内部的设施。"显现的"梦之图像（即"显梦"）乃是梦的本身，它含有潜在意义（即"隐梦"）。假如我在尿中发觉有糖分存在，那它就是糖，而绝不会是出现蛋白尿的前奏。当弗洛伊德谈到"梦的表象"（dream-facade），他真正的意思指的并不是梦本身，而是它所具有的晦涩部分，这种对梦的投射说明了他自己的缺乏了解。我们说梦有个假面具是因为我们无法深入地看。且让我们举个例子来说明，当我们谈到一段难懂的文字时，并不是说它本身有什么掩饰之处，而是因为我们看不懂。我们不需一上来就勉强去解释它，而应设法去看懂它。

如上所述，研究梦的最好方法就是要了解它的前因后果。我们在此凭借自由联想会徒劳无功，与解释赫梯人碑文①时用自由联想法所能得到的帮助相差无几。自由联想可以帮我去了

---

① 赫梯人碑文（Hittie inscriptions）于十九世纪初被胡戈·温克勒（德国柏林大学的亚细亚研究学者）在安哥拉东部挖出。该文字经研究的结果，证明属于高加索语的一支。欲了解该碑文，唯一的办法是按照碑文的符号去猜测、解释。——译者

解自己的症结，可是要达到此目的，我不需从研究梦下手——我大可利用报纸上的一句话或利用"请勿入内"的标语。假如随便去联想一个梦，我们的症结也许会很快地恢复正常，可是我们一定不可能找到梦本身的意义。要找到梦的意义，我们应该尽量近距离研究梦的意象。当一个人梦见了用松木做的桌子，如果他把他那不是用松木做的书桌联想在一起的话，那一定不会有什么好结果的。很显然地，此梦指向的是松木桌。要是此时在梦者身上什么也没发生，那么他的迟疑不决即说明一项事实，即该梦的意象一定会有些令人难懂的东西存在，这便是它的疑点。我们希望他能说出许许多多有关松木桌的联系物，而当他连一个都想不出来时，便有其他的含义了。在此情况下，我们应该一再地回去研究该意象。我对病人说："我根本不知道'松木桌'意味着什么，请您把它详详细细地描述出来，使我能够明了到底它是什么东西。"我们这样做果然成功了，找到了这个特殊意象的许多内涵。当我们把有关此梦的内涵都把握住后，我们便可开始往解说的路上迈进了。

每种解说都是假设的，因为它是一种去研究陌生文字的尝试。一个晦涩的梦，它本身很少可以很确定地被人解说出来，因此，我对于单个梦的解说成果并不重视。一定要有了很多梦的经验，我们才可能对自己的解说有信心，因为后期的梦常可矫正许多我们初期分析所犯的错误。另外，在众多的梦例中，我们也可较容易找出一些重要的内涵及基本主题，因此我常要求我的病人们列出一个有关他们所做过的梦的记录表，而且也把解说附记在上。同时我教他们怎么按照上述方法去处理他们的梦，以便他们可把所有的梦都记录得很详细，构成梦的材料档案。在分析的后期阶段里，我干脆就让他们自己去解说，病人因此就在无医生帮忙之下，学会了了解无意识的方法。

要是除了告诉我们有关神经症的形成因素外，梦便一无是处的话，那么我们大可就让医生去处理它们了。如果只是提供一些帮助医生诊断的提示与见解之外，梦便别无他用的话，那么我的研究也将多此一举了。然而，如上所举诸例，既然我们知道梦除了给予医生一些实际助益之外还有其他的贡献，那么梦的分析工作便值得特别重视了。事实上，有时它还会关乎人命。

在许多诸如此类的案例中，我特别记得一件和我在苏黎世的同事有关的事。他是一位我常碰面、年纪比我稍大的人，他常嘲笑我对释梦方面的兴趣。有一天我在街上碰到他，他大声地叫我："最近可好？您仍在搞释梦工作吗？我想顺便请教您一个很可笑的梦。难道这也有其意义不成？"他的梦如下所述："我正在爬一个很陡而且满覆雪块的高山坡。我一直往上爬——当时天气特别好。我越往上爬，就越觉得过瘾。我想：
'要是我能这样永远往上爬该多好！'当我到了最高点，兴奋
地觉得仿佛可以一直爬入太空中。而我也发觉，这一点我的确
可达到。于是我继续在空中往上爬。我在狂喜之下醒了过
来。"当他说完这个梦后，我说："老兄，我知道你放不下爬
山的爱好，可是我请求您以后别只身前往。您要去，要带两个
向导，您要以您的人格保证必须听他们的指导。""您说的还
是老套！"他笑着说完后，道声再见就走了。从此我再也没见
过他。两个月后第一个坏消息来了。有一次当他单独出去爬山
时，因山崩被埋在地下，在千钧一发之际，有位军队的巡逻兵
正巧路过，才把他救了出来。又过了三个月后，最后的厄运来
临了。他出去爬山，只有一位年纪比他轻的朋友陪着，可是没
带向导。一位在山下的登山者看到，当他走下一个峭壁时，不
偏不倚地踏到了半空中。他跌向了正在下面等他的朋友的头
部，两人因此滚落到很深的山谷，粉身碎骨。这就是"狂喜之
下"的最佳写照。

　　任凭用多么强烈的怀疑眼光和批判态度亦从未使我把梦视
为是些可忽略的东西。它们经常看起来没有多大意义，可是显
然地是我们本身缺乏理解力，及那种透视心灵黑暗部分丰富内
涵的洞察力。当我们发现，至少人的大半生都是在这种境况下

度过，意识亦根源于此处，无意识出没于醒着的状态，医疗心理学似乎就应该运用有系统的研究方法来改进对梦的见识。既然没有人会怀疑意识经验的重要性，那为什么我们要怀疑无意识的重要性呢？它亦属于人类生活，它有时比白天所发生的事更能影响一切的祸福呢！

梦告诉我们有关内在生活的秘密，同时也告诉梦者有关其人格的不显明部分。这些因素在还没被发现以前常会扰乱到梦者的日常生活，而且只以病征体现出来。这就是说，我们不可单从意识着手去治疗病人，而是应该从无意识着手，连无意识都加以改变。就目前我们所知的，只有一个办法而已：即必须彻头彻尾地把意识和无意识完全同化在一起。我所谓的"同化"（assimi-ation），意思是说，要把意识与无意识的内涵都加以彻底的相互解说，而非——就像一般人所谓的方法——只凭意识单方面地把无意识拿来做评价、解释或歪曲真相。至于无意识内涵的价值与含义，许多人都误解了。大家都知道，弗洛伊德派把无意识都完全看成卑下的东西，把原始人看做是和野兽差不多的东西。原始人流传下来有关部落中可怕老人的童话故事，以及要"阻止婴孩犯罪"的无意识，都使得大家把无意识看作一种危险的怪物，是很自然的。言下之意仿佛是说，所有一切善良的、合乎逻辑的、美好的及值得存在的东西都是意识王国的子民！难道世界大战的恐怖还没真正地张开我们的眼睛吗？难道我们还看不出人的意识比无意识更可怕、与常态相去更远吗？

最近有人指责我，认为如果真的接受我的建议，将无意识同化了，一定会使整个文化因而遭受破坏，反倒使得许多宝贵的东西白白牺牲掉而恢复了原始文化的势力。这种毫无凭据的观念还是如同无意识是个怪物的错误观念。这种看法起自一种对自然及人生实相的恐惧。弗洛伊德发明了升华的观念，为的是要使我们免于受想象中无意识的可怕爪牙之害。可是实际存在的东西是不会像变戏法般地升华的，而就算有什么东西似乎被升华了，它的真相亦不会如那错误的解说所指出的那样可怕。

无意识并非是个可怕的怪物，而是一种自然的东西，在道德律、美感及智慧判断方面，它是全然采取中立立场的。当我们的意识对它采取一种错误的态度时，危险才会发生。而这种危险性随着我们压抑的程度而加剧。可是一旦病人开始能把很显然是无意识的部分加以同化时，那么它的危险性就会消失。当同化过程继续进行时，人格分裂就会停止，从而不会再有焦虑现象——欲使心灵的两大部分势不两立地对抗。批评我的人所害怕的——即无意识掩盖了意识的现象——只有当无意识脱离了控制，或被误解、被贬低其效果时才有可能发生。

　　一般人都犯了一个基本的错误，认为无意识的内涵是毫无疑问的，而且其带有不会改变的正负号。我看到这个问题，觉得太过天真。心灵和身体一样，有其本身的调节系统，以便保持平衡状态。凡是太偏离轨道或进行太快的程序都会触发一种补偿的行为。缺乏这种调节功能不会有正常的新陈代谢作用，更不会有正常的心理了。根据此一原理，我们可把补偿的原则视为是种心灵活动的规则。任何一端减少必会导致另外一端的增加。意识与无意识之间的关系是相辅相成的。此一明确的事实便是分析梦的原则。当我们分析梦时，问"什么是它所补偿的意识态度"常是有益的。

　　补偿常会以想象性的愿望形态出现，通常的情况是，我们愈想去压抑的部分，其实际出现的机会就会愈明显。我们都晓得，口渴是压抑不得的。梦中的一切应该被当做是一种正正当当、确实发生在我们身上的东西，它应被视为是构成意识的一部分；否则，我们对意识的认识将只是单方面的，必会立即引起无意识要求补偿的行为。这样一来，我们想要对自己做出正确判断的希望将会渺茫，生活也将无法获得平衡。

　　如果有人妄想以无意识来独裁地夺取意识的地位——这便是批评我的人最令人吃惊的构想——则意识自然会潜藏起来，

而以无意识的姿态重新出现并加以补偿。于是无意识改头换面，完全一百八十度地改变了其地位。最后它将会合情合理地，以新的姿态出现。可是通常人都不相信，其实这种反转乃是经常发生的，并且是主要机制的一部分。这就是为什么说，每个梦都是提供信息的来源，而且也是种自动调节的方法，同时对于塑造个人人格具有极大重要性。

无意识本身并不危险，其危险性乃由于自保的、怯懦的意识的抵制。因此，我们才必须更重视它。我想大家亦将因此明白为什么每次在解析一个梦之前，我常问：它所补偿的意识态度到底是什么？很显然地，我因此尽量把梦及意识状态的关系拉近。我甚至主张，除非我们对于意识的状况已非常清楚，否则是绝对不容许草率地去解析梦的。因为只有针对这方面所提供的消息下手，我们才有办法洞悉无意识是否有增减的情况存在。梦并非是一种和日常生活完全脱节的心理现象。之所以看起来如此，乃是因为我们缺乏了解，它并不是在我们心中生出的一种幻觉而已。事实上，意识和梦之间的关系是极富因果性的，其间的关联是非常微妙的。

我将举个例来说明了解无意识内涵真正价值的重要性到底何在。有个年轻人给我讲了一个如下的梦："家父开着一辆新车离开家。他开得很不自然，我对于他的这种笨拙情况非常着急。他忽东忽西、忽前忽后，其间车停了好几次。最后，他的车撞到了墙，把车撞得稀烂不堪。我气得暴跳如雷，大声咆哮，要他自我检讨。可是家父只是大笑，此时我才发觉，他已烂醉如泥。"这是个毫无事实根据的梦。梦者自己根本不相信。他知道，其父即使醉酒亦不会把车开成这个样子。梦者本人对车很熟悉，一向都是个很谨慎的驾驶员，饮酒也从不过量，特别是每当他要开车时更是如此。只要碰到了不会开车的人，或甚至把车稍稍弄坏了一点，就会使他大为光火。这孩子和其父的关系很好。他颇钦佩其父不平凡的成就。在我们未做任何解说工作的尝试之前，我们可以说，此梦告诉我们，对于父亲这个孩子脑海中一定有幅很糟糕的图像。现在，我们该怎么来下个定义呢？是否他们父子之间的关系仅止于表面上的亲密而已？是否那便是所谓反抗的过度补偿行动(over-compensation of resistence)？果真如此，那我们就可为梦做个注解，我们该告诉这位年轻人说："你和令尊的真正关系便是如此。"可是，既然从他们父子之间的关系看来，我无法找出其中有任何可疑点或任何具有神经质的地方，我也不敢随便利用这样一句非常具有杀伤力的话去扰乱他的情绪。这样做一定是种不明智的治疗法。

可是如果他们父子之间的关系确是非常好，那又为什么这个梦会造出这样一个不可能的故事来损害其父亲的名誉呢？梦者的无意识里一定存有产生此种梦的明显趋势。是否这位年轻人因嫉妒或某种自卑感而反抗其父亲呢？可是在还没把此一事实告诉他以前——通常我们在处理敏感的年轻人的问题时，总是不能太草率——我们最好首先不问为什么他会做这个梦；我们该先问自己："他做这个梦的目的何在？"于此的答复将是，他的无意识很显然是尝试要贬低其父亲的价值。假如我们将此视为是种补偿，我们就不得不承认，他们父子之间的关系不但亲密，而且太亲密了。这孩子正是应了法国人的一句俗话"靠爸爸的孩子"（fils à papa）。其父对于他的生活太关照了，他仍旧过着一种所谓由人补给的生活。他之所以没发挥个人的潜能，主要是因为其父在他的生活中所占的比重太大了。这就是为什么无意识要提出责备之词的原因：它尝试要降低父亲的地位，以提高儿子的价值。我们或许会说，这是"一件不道德的事情"。每位缺乏见识的父亲于此一定会提高警觉。可是事实上，这种补偿的行动完全是针对需要而产生的啊！其目的乃是要父子之间有所差别，这便是他唯一可自我觉醒的途径。

以上所述的解说法，其正确性是毫无疑问的，因为那是一针见血之论。它很容易地就赢取了这位年轻人的同意，不但没有损伤他对父亲的感情，也没破坏父亲对他的感情。可是像这样的解释法只有当父子之间的关系从意识方面有所了解时才行得通。对于意识的状况一无所知，梦之真正意义的探求亦将落空。

要诠释梦的一切内涵，我们绝对不可将意识人格的真正价值加以破坏。一旦遭受摧毁或损伤，那就没什么可同化的了。我们认识了无意识的重要性后，也不可本末倒置。因为这样一来，一定会使我们想要矫正的状态回到原状。因此，首先我们得注意维护意识人格的完整，因为只有在意识人格肯合作的条件下，无意识的补偿才能发挥其恰当的效果。同化的工作并非是个"甲或乙"的问题，而是一个"甲与乙"的问题。

因为释梦的工作首先须对意识的真正状况有彻底的了解，所以在处理梦的象征的工作时，我们也得把梦者在哲学、宗教与伦理方面的信条都纳入考虑范围之内。不把一些象征视为有其固定的符号或表征是最明智的。我们该视之为真正的象征物——换言之，即视之为某些还未被认识到的，或是全新的构成。除此之外，我们亦应把它们拿来和梦者处于意识状态下的关系一并讨论。我之所以特别强调这种处理梦的象征物的方法，在实行上的好处是因为，在理论上确存在一些含义固定的已知象征物，要是没有这些相对固定的象征物，我们就无法确定无意识的结构。当然我们亦无法把握住什么东西或讨论什么内容了。

也许有些人会觉得奇怪，为什么我说，那些相对固定的象征物内涵是不固定的。其实，就是因为没有一定的内涵，象征物才显出和其他的符号、病征的不同之处。大家都知道，弗洛伊德学派很牵强地利用"性象征"的解释法；可是他们所谓的性象征正是我所说的符号，因为那便是性的代表物，一些被定义的东西。事实上，弗氏的性观念非常具有伸缩性，而且模糊得几乎可包括一切。内容的本身是清楚的，可是它的含义非常不定，多样化得几乎可一方面包括人体中各种腺体的生理活动，另一方面包含精神所能到达的极限。与其采取武断的立场去根据一些我们都很熟悉的套路来发表高论，倒不如把这些象征物视为未知物，是些很难认得出、无法完全论定的东西。譬如说，阳具象征物除了代表阳具之外便没有了。从心理学的观点看来，阳具本身——正如克拉内菲尔德最近所指出的——就是一个其内容无法很容易决定的象征意象。和前人一样，今日的原始人常恣意使用阳具象征，可是他们从未把那祭奠性的象征物和实际的阳具混为一谈啊！他们总把阳具视为超自然的一种创造物，是治病及生产的力量之源，正如雷曼所说的，"具有无比威力的东西"。就是在神话中及梦里常出现的公牛、驴、石榴、公羊、闪电、马蹄、舞、田畦中奇形怪状的共生物及月经液等。所有这些意象所含有的东西——及性本身——就是一种很费解的原型内涵，都可从原始人所谓的超自然力的象征（mana symbol）中得到最适当的心理学原理解释。根据上面所举的意象，我们可发现一个相当固定的象征——即超自然力的象征——可是我们总不能因此就一口咬定，认为只要这些东西出现于梦中即无他种含义存在！

为求实用起见，我们得另觅他种解说法。当然，如果我们非遵照科学原则来把梦解说到不能再解说的地步的话，我们就不得不把每个诸如此类的象征视为原型的方法来研究。可是，实际上，这个解说法很可能犯下严重的错误，因为病人的心理状况可能不会注意到有关梦的理论，却会注意到其他东西。因此，为了治疗方便起见，我们最好还是把象征物的意义和处于意识状态下的关系先找出来——换言之，即把这些象征物视为一些不固定的东西。这就是说，凡是先入之见皆须剔除，不论是多么好的意见，然后尽量为病人找出一切事物的含义所在。很显然地，这种解说法不会得出令人满意的梦的理论；实际上，确是如此。可是，如果一位医生运用了太多的固定象征物，他很可能流于一些很庸常的及很武断的看法，到后来根本就无法达成病人的需要。为了说明此点，我需要展开详细讨论，但我已在别处发表过可鼎力支持这种看法的文章了。

前面我已说过，一般在治疗的初期，医生常会不自觉地往无意识惯常可能走的方向去研究梦。可是事实上，在最初的阶段中，病人不可能马上就了解到有关梦更深一层的含义。而治疗法的要求也是要我们往这方面进行。一位医生得到如此独到的见解，那是因为他能得益于其固定象征物方面给予的经验。此种见地对于诊断及预测都有很大的帮助。我曾有一次被要求为一位十七岁的少女鉴定病情。一位专家向我提示说，也许她是一位初期的进行性肌肉萎缩症病人，另一位则告诉我，她是一位歇斯底里症病人。因为有这第二种不同看法，我便应邀而至。她的临床诊断报告令我怀疑她好像是器质性病变，但她确又有歇斯底里的症状。我问她有没有做过梦。她马上回答说："有啊！我有许多可怕的梦。就在最近，我梦到有一天晚上在回家的路上，万籁俱寂。起居室的门半掩着，我瞥见家母吊在一盏吊灯的下面，寒冷的北风由窗口吹入，她在风中摇晃着。另外，有一次，我梦见夜里房子突然有一种怪叫声发出。我赶快跑去看看究竟发生了什么事，看见有一匹受惊的马正在挣扎着想跑出房间。最后那匹马终于找到了进入走廊的大门，然后就从四楼的走廊跃到大街上。当我看到它躺在那儿粉身碎骨时，我惊愕不止。"

这两个梦中所提及的死亡一事已足够令人吃惊。但人们不时做惊恐的梦也不少见。现在我们姑且把注意力集中到这两个梦中最突出的部分，即"母亲"与"马"的含义吧！这两种动物一定是同一类的东西，因为它们都有同样的举动：自杀。母亲象征物是原型的，给人一种有关起源、自然、负有间接创造任务的东西、本质及物质、物性、下体(子宫)和生命机能等的提示。同时也使我们想起了无意识的、自然的及本能的生命，想起了生理性的范围，即我们所居住的或容纳我们的地方，因为母亲是一个容器、一个携带和培育的中空体(子宫)，因此，也可以说是代表着意识的基本。处于某物之内或容纳于某物内所指的当然是黑暗、黑漆漆——一种恐慌的情况。凭借这些暗示，我把一大堆的神话及字源学上所具有的一切关于母亲的涵义及变义都开列出来，同时我说的也正是中国哲学家所谓的"阴"之概念。这些便是该梦的内涵，可是这些终究不是一位十七岁少女所曾经验过的！那是过去历史所遗留下来的东西。一方面是靠语言才得以保存到今天，另一方面是经由心灵结构继承下来的，因此得以在每个时代中的各个民族看到它的存在。

这里的"母亲"一词当然和大家所熟悉的母亲是一样的——即"我的妈妈"。可是母亲象征同时有另一种有系统概念的暗示，这种暗示我们可称之为"隐藏性的、受自然限制的肉体生命"。然而，就是此一说法仍然是太狭窄了些，而且还

有许多相关的旁义没包括进去呢！由于该象征所具有的精神性
远比想象的复杂，以至于我们只能站在远处才能辨别出来，而
且亦只能约略看出来而已。由于这些特性，我们只好走上利用
象征式解说法的道路了。

假定我们把此一结论应用于解说该梦，便会有如下的含义
产生：无意识的生命正在做自毁的行为。这便是该梦所给予梦
者意识的消息，当然它也要告诉每一位听到的人。

"马"在神话及民间传说故事中是一个相当普遍的原型。就
一种动物而言，马代表一种非人的精神，次于人的、野兽的，即
所谓的无意识。这便是为什么在民间传说故事中的马常会看到幻
影、听到声响，以及会说话的原因。就其为一负载动物而言，马
和母亲的原型关系非常密切；瓦尔基里人①把死去的英雄驮到瓦
尔哈拉(Valhalla)去，特洛伊木马把希腊人藏在马腹里。就其为低
于人之动物而言，马代表肉体的下部及源于该部的兽性。马是种
动物性力量，是旅行的工具；它仿佛自然地把人带走。它和所有
缺乏高等意识的动物一样会受惊。另外，它和邪术或符咒都有连

① 瓦尔基里人(Valkyries)在北欧神话的故事里是诸神的女仆，奥丁神曾派她们腾云驾
雾去打仗，并且从战争中选取英勇战士，以派遣到瓦尔哈拉(战士死后，其灵魂的归
宿所在)为奥丁服务。——译者

带的关系——特别是那种在黑夜中能预知死亡的马。

很显然地，"马"与"母亲"在意义上只有些微的差别。母亲代表生命的起源，马则代表肉体的兽性部分。假如我们将此含义应用于解释该梦，含义将是：其兽性正在自毁。

这两个梦几乎有同样的含义。可是从常理来推断，第二个说法似乎较具有特殊性。其特殊玄妙处从以下的两点可得到证明：梦中并未提及梦者的死亡问题。我们常会梦见自己死去。可这不算是严重的问题，当死亡问题真正来临时，它总是以另一种姿态在梦中出现。因此，这两个梦都同样指出，有种很严重的，甚至可说是非常致命的肉体疾病存在。从紧接着的诊断中证明，此种猜测并非子虚乌有。

至于那些具有较固定性的象征物，我已在上面将其通性约略勾出了。诸如此类的例子多的是，应用于不同个体案例时，其含义略有不同。要确定这些象征符号的含义，只有运用科学的手法去研究比较神话学、民间传说故事、宗教及语言才有可能。人类心灵的进化过程在梦中比在意识状态下更容易显现出来。梦假借象征物发言，把源自最原始层面的自然本性表现出来。意识常会很容易脱离自然的法则，可是它仍然可利用和无意识同化的方法而再与之相融合。借此，我们便可引导病人重新发现其真正自我的法则。

　　在这么短的篇幅里，笔者除了涉及本题的一部分外其实也谈不了些什么。我亦无法把根据无意识所提供的材料使一个人恢复常态的所有方法，巨细靡遗地搬到你的眼前。其间所产生的同化作用远比医生所期待的治疗效果来得更大。最后甚至会达成我们的终极目标——也许该目标便是生命的原动力——换言之，即一个人人格的完成。无可置疑地，我们这一群医生一定是最先科学地观察此一自然过程的人。通常我们只能看到发展过程中的病理部分而已，一旦病人康复后，我们便看不见了。可是，只有当治疗发挥其功效后，我们才可能进一步去研究那历经数十年的正常变化过程。如果我们能对无意识的心理发展方向多有了解，如果我们不全依赖病态方面的知识来构建心理学见解的话，我们将不至于对梦所显示的历程感到不知所云，而且亦将更容易辨别象征符号的含义。我个人认为，每位医生都该知道，一般的心理疗法，尤其是分析法，都是可分解为连续发展过程的一个个片断，忽高忽低，所以单独的片断可能趋向相反的方向。既然每次的分析本身都只能代表心理发展过程中的一部分或一方面，因此，相互比较的结果只会带来令人失望的混乱。所以，我个人只愿就本章问题的基本原理及其实用方面谈一谈。因为只有当我们实地去接触事实的部分时，才有可能获得满意的结论。

现代心理治疗的问题

　　心理治疗，或者说心理学方法去治疗心理问题，常被一般人与"精神分析"混为一谈。由于"精神分析"一词在今日已普遍为大众所接受，因此，每个说到它的人自以为已了解其含义了；然而，实际上，真正领会到其意义的人仍然寥寥无几。

　　根据该词创立人弗洛伊德的目的，"精神分析"只是指：应用某种潜抑冲动去解释心理症状的特殊方法。既然此方法是一种研究人生的特殊尝试，那么精神分析的观念自然就会包括某些理论上的假说，例如弗洛伊德关于性的理论便是其中之一。精神分析的创立者本人曾经很明白地坚持其应用的限制性。可是禁者自禁，行者自行，外行人还是照旧把精神分析的观念应用到许多探讨心理问题的科学方法上。所以，阿德勒①派者虽然就其观点和方法而言显然是和弗洛伊德派者迥然不同，然而也被称作是"精神分析"。由于存在区别，阿德勒自己不称其方法为"精神分析"，而称之为"个体心理学"；而我个人则较喜欢称我的方法为"分析心理学"。我希望这个名称能够代表一个总的概念，这个总的概念既包括了"精神分析"和"个体心理学"，也包括了在这一领域内的其他成果。

既然人们的心理存在相通性，也许有些外行人就要急于下结论，认为世间只可能有一种心理学，而且会把各派之间的分歧视为不过是些主观的诡辩，或是一种不入流者为了要自我掩饰和自我标榜的目的，故意戴在脸上的一种假面具。当然我可以很容易地把许多不包含在"分析心理学"领域内的其他心理学派一一开列出来。实际上，确有很多学派在方法上、观点上及信条上都是互相冲突的——由于这些学派都不够清晰明确，自然就无法确定谁比谁更正确。今日的心理学观念有那么多的分歧、那么多的种类，实际上是不足为奇的，然而外行人确实会奇怪，为什么无人可为之作一综合性的研究。

当人们在一本病理学教科书中看到许多不同的治疗法时，一定会毫无疑问地确信，这些治疗法没有一个是特别有效的。

---

① 阿尔弗雷德·阿德勒（Alfred Adler，1870—1937），奥地利心理学家、精神病理学家，个体心理学的创始人。——译者

同理，假如碰到许多研究心理的方法时，我们也会确定，其中一定没有一个可达到最后目标，尤其是那些凭空幻想出来的方法更是不可能。今日大量的"心理学"确已到了不知所云的地步。了解心理的路径是越来越难了，而且心理本身也已如尼采所说的，已经变成一个"有角的"问题了。无怪乎攻击它如此无法捉摸的人层出不穷，因为可攻击的目标是多方面的。所以，我们所说的议论纷纷、莫衷一是的现象当然不是言过其词了。

读者们会说，讨论精神分析时不应该只局限于其狭窄的定义，我们应该广泛讨论那些为解决心理问题所做的努力——只要这些努力与成败是同分析心理有关的。

不过，我们要问，为什么突然间大家对人类心理产生那么浓厚的兴趣，把它当做一种新鲜的事看待？这是史无前例的现象。我只是想把此一看起来不相关的问题提出，但不拟在此答复。但它并非无关紧要，因为今日大家对许多当代潮流，诸如通神学、神秘学、占星术等都表现出同样的浓厚兴趣。

一般外行人认为"精神分析"有关的概念乃是来自医学上的实际经验；所以，大部分应是属于"医学心理学"的。它确实带有医生在诊断室的特征——不论就其术语来讲，或就其理论上而言，我们因而认为许多医生们的假定都是取自自然科学，尤其是生物学。此一现象对于现代心理学与学术界中哲学、历史与古典学问之间划清界限的贡献很大。现代心理学是实验性的科学，极接近自然。相反地，另外的那些学科却是完全以心灵为根本的。然而那座横跨在自然与心灵之间的桥梁，越来越随着医学与生物学上专门用语的加深而更难沟通，虽说这些术语有时确实相当实用，但与人们的美好愿望——划清心理学与上述其他学派的界限——相去甚远。

鉴于在观念上有这么多的混乱，所以我才认为本章开头的声明是不可或缺的。现在我们可以开始来谈谈正在进行的工作，讨论"分析心理学"的真正成就何在。既然在这方面的研究尝试多如过江之鲫，要企图为之作一概括性的叙述，实在相当困难。如果就其目标与成就而言，我尝试把它们划分成几个组，或几个阶段，我的立场带有几分保留。而且我也只想把它当做是种暂时性的划分法，也许看起来和一位测量员把一个国家的领土划分成许多三角形一样随意。话虽如此，我还是尝试把有关的研究发现以四个标题划分开来："倾诉"（confession）、"解释"（explanation）、"教育"（education）、"相互改变"（transformation）。首先我要讨论下这四个名词的意义。

所有的分析治疗法的典型开始便是忏悔式的倾诉。虽然两者之间并无直接的因果关系，可是两者却有着共同的心灵起源，虽然一个外行人看不出来精神分析原理与宗教上的自白忏悔之间有任何关系。

当人一旦有了罪恶的观念后，心灵即会有掩饰的行为产生——或套句分析法用语，即产生了潜抑（repression）的现象。凡是藏起来的东西一定是秘密的东西。继续保密的结果就会慢慢地促使心灵产生一种使秘密的拥有者与社会隔离开来的毒液。如果毒液的剂量少，便是一种无价的治疗剂，对于明确个体之间的差异而言不可或缺！此一现象屡见不鲜，在原始人那里，甚至也是常有的事。原始人老早就感受到创造一些秘密的必要性了；对秘密的拥有使他不至于消融于社会之中，同时也会使他的心灵免于受到致命的创伤。大家都知道，许多古老神秘的祭礼，便是为配合这种互相区别的需要而存在的。就算早期的基督教教会所举行的临终涂膏礼也被认为是神秘的仪式，而且他们的洗礼只在密室里举行，每次提到这些仪式时也只能用隐喻的语言。

虽说由一群人共同拥有秘密能带来甚多好处，然而，属于个人私下的秘密一定是具有不良效果的。它就像是心里头的一种罪恶感，会使不幸的拥有者切断他和同伴们的来往。不过，当我们晓得所要隐藏的东西时的害处，比我们不清楚自己所要潜抑的东西时害处要少得多——因为后者不但心中藏有秘密的东西，而且连他本人都不知道。在此情况下，它自然而然地就会和意识脱离，形成独立的情结，在无意识里过着隔离的生活，既不被意识思想所纠正，也不受意识思想的干扰。此情结于是就构成心灵中的自发部分，此部分，就经验显示的那样，便发展出一套特殊的自我幻想式生活。我们所谓的幻想其实便是心灵的自发活动；一旦意识部分的潜抑行为稍有松懈或在睡眠中完全停止，它即会涌现出来。睡眠中，此种活动便以梦的姿态出现。而且白天我们也会在意识的边缘下继续做梦，特别是当这种活动受到一个潜抑的或无意识的情结影响时更是如此。在此要顺便一提的是，所谓的无意识内容并非一定是以前的意识受到潜抑才变成无意识的情结的。相反地，无意识本来就有它自身的特殊内容，这些内容是从无意识内部深处慢慢生长上来的，最后才到达意识的表面。因此，我们不应该不分青红皂白，把无意识描绘成一些意识心理所遗弃的东西。

所有接近意识底层或浮于意识之上的心灵内容，多多少少一定会对我们的意识活动产生影响。既然内容本身并非是意识的，所产生的影响力当然也是间接的。我们日常所有的失言、笔误、遗忘以及诸如此类的现象都是经由此一干扰产生的迹象，和所有的神经症症状都是同一道理。这些现象都有其心灵渊源，除非过分表现或其他原因才会造成可怕的情况。最轻微的神经症是上面所提过的"失误"——失言，突然间把名字或日期忘了，意想不到的摔跤导致受伤，误解他人的情绪或把他人说的话听错，以及一些所谓的导致误认为我们已经说过或做过这或那的记忆错觉等都是。我们把上述这些现象拿来做一通盘研究，结果发现存在某种东西间接而且无意识地影响了意识的工作。

因此，一般说来，无意识的秘密比有意识的秘密危害更大。我碰到过许多生活处境很差的病人，只要他们的意志稍微弱一点一定会走上自杀的道路。这些病人常有自杀的意向，可是由于他们先天的理性存在，不会让自杀的冲动涌现到意识上来。可是该冲动仍然留在无意识里，不时引发出许多危险的灾难来——譬如说因为眩晕或犹豫而在一辆行进中的车前面停下来，把升汞当做止咳药误吞下去，顷刻间忽然想表演危险的杂技动作，等等。其实，只要有办法把自杀的意向变成为意识中的一部分，常识就会对自杀产生干预；病人也就会认出这些情况，并且去避免这些引诱他们做自我毁灭的情景。

大家都知道，每个个体的秘密都带有罪恶感在内——无论如何，从常人的道德观点来看，可说是种错误的秘密。另外有一种掩藏称为"克制"（withholding）——通常都是对情绪的克制较多。如同秘密的情况一样，我们在此也应有所保留。克制是有利于身心的，甚至可说是一种美德。这就是为什么克制是人类最早的道德成就之一。它在原始人的祭祀仪式中占有相当重要的地位，尤其是那些禁欲者及忍受痛苦或恐惧者更是如此。不过，自我克制只有在和其他人一起秘密进行的集会中才需要。可是如果克制只是私人的，而且也许不含任何宗教色彩在内，那就和私人的秘密一样会有害处了。我们人类所有的恶劣情绪和易怒现象便是因此类克制引发出来的。经我们压制的情绪也是我们要隐藏的东西——某种我们甚至要欺骗自己的东西——在这方面男人是最有办法的，而女人，除非少数例外，都是天生无法这样粗暴对待她们的情绪的。情绪一旦受压制，如同无意识的秘密，它就会孤立我们，扰乱我们，使我们心中有罪恶感。通常假如我们心中有个其他人从没有过的秘密，本性便会对我们发脾气，因此假如我们把情绪压制以免伤害其他人，本性当然也会对我们发脾气。本性喜欢在这方面保持空无所有，长时间后，再也没有比人与人之间只凭压制情绪来维持和谐关系，更令人受不了的事了。受潜抑的情绪通常都是我们想要保密的。不过，其中大部分的情绪根本是不值得保密的；有许多可直言的情绪，就因为在紧要关头被压制了，所以才成为无意识的一部分。

也许神经症的一类原因正是在过分控制秘密的情况下产生的，另外一种则是过分压制情绪而造成的。无论如何，患有歇斯底里神经症的人，虽然从不克制其情绪，但一定是心中有秘密的人；另一方面，患有强迫神经症的人，一定是无法消化自己情绪的人。

不论是保守秘密或是压制情绪都是心灵的错误行为，在此情况下，本性会使疾病降临到我们身上——即当我们私下发生这些行为时。可是如果和他人共同做这些事，却可以满足本性，甚至还会被视为是有用的美德。唯有私下且只为自己的克制才是不利于健康的。这样一来似乎是说，每一个人都有权利去知道他人的弱点、缺点、笨拙之处、错误之处——这些都是我们保密以便保护自己的东西。就本性而言，人如果把缺陷掩藏住便是罪恶的——似乎令人需要依靠弱点才能活下去似的。人们似乎觉得，人如果不设法停止或放弃防御自己、保护自己，而是坦白承认自己也会有错误，承认他也一样是常人的话，就会受到良心的严厉谴责。一旦他这样做了，在他和生活经验之间才不会觉得永远有一道鸿沟存在，他才会有他也是众人之一分子的感受。至此，我们发现，真正的、不落俗套的自白的重要性何在——这种重要性早就发现于古人的入会仪式及神秘祭典诸习俗中，正如希腊的圣餐

礼中所说的一句话："放弃你所有的，你才可得到一切的
东西。"

在初期的心理治疗阶段中，我们最好还是把这句话当做座
右铭。精神分析的初期基础性的工作就是利用科学的方法实践
古老的真理；即使早期所使用的"宣泄"（catharsis）一词也是从
希腊人的入会仪式中得到的。"宣泄"，一开始便是（不论用催
眠法与否）设法使病人与其内心深处沟通——换言之，即将病人
导入东方瑜珈术所谓的冥想或沉思的境界。和瑜珈术不同的
是，精神分析的目的是要在冥思状态中观察那些难以捉摸的影
像——不论是以意象还是感觉的形式表现出来——那些不需我
们做出努力即自然出现在无意识中的部分。靠此方法，我们可
再次发现那些潜抑过的，或是已忘掉的东西。虽然那是件痛苦
的事，却是有收获的工作——因为那虽是些较次要的，或甚至
是些无足轻重的东西，但仍然是属于自我的阴影，仍然是能供
给自我本性成形的东西。如果我不能把阴影投射出来，我的实
体又怎能存在呢？既然我是一个完整的人，就必然也有阴影的
一面；虽然我知道自己的阴影，但我也明白这是和任何常人一
样的。而且，如果我能确认拥有自己的一部分，那么此一使自
我完整化的再发现便会抹去我的情结，还原我未患神经症以前
的本来面目。令事情只让自己知道，我只能治愈一部分而

已——因为我仍然是处于孤立状况下。只有借助于倾诉的形式，我方能投入人类的怀抱中，从此可免受道德放逐之苦。此一宣泄治疗法的目的便是充分的倾诉——只有表面上把事实说出是不够的，而是要诚心诚意地将受压抑的情绪真正释放才行。

　　很容易想象，这样的倾诉对于头脑简单者当然有无比的效果，而且其治愈的功效通常都非常惊人。然而我不想在此要大家注意那些利用此方法在此阶段即痊愈的病人；我所要大家注意的是那一再强调的倾诉的重要性。这就是最令大家吃惊的部分。因为我们都多多少少会因有些秘密而显得不正常；我们不但不想利用倾诉的方法尝试把使我们分离的隔阂填平，反而选取了另一条道路，简单地相信那些自欺欺人的观念和妄想。我说这些话并不是要发表什么高论。对罪恶的倾诉要求过多，无法帮我们走得更远。心理学告诉我们，此事需小心处理。我们无法直接或只针对它自己就能研究，因为它本身含有一个非常"尖而弯的角"。这一点在我们谈第二阶段——解释——时即会明了。

　　很显然地，如果"宣泄"治疗法是一剂万灵药的话，那么这一新的心理学派一定会永远停留在倾诉的阶段上。最重要的一点是，我们并非永远有办法把某些病人带到无意识的边缘，促使他们瞥见自己的阴影。事实上，有许多非常复杂而且具有高度意识性的病人肯定地认为，没有什么办法可使他们放松。每次要把他们的意识减弱，他们总是表现出极为强烈的反抗；他们只愿和医生谈谈他们完全意识到的事物——要医生了解他们的困难，讨论这些困难。他们说，他们已经受够了，不必去诉诸无意识了。要对付这一类的病人，一套探求无意识的新方法是不可缺少的。

这便是我们运用宣泄治疗法所遭遇到的一个限制。另外一个限制下面还会谈到，由此引出了第二阶段的问题——"解释"的阶段。首先我们假设，这里有个病例，按照宣泄治疗法的原理，倾诉已开始了——神经症已不复存在了，换句话说，至少症状终于消失了。完全只凭医生的观念而言，病人可以说是治愈了，可以让他回去。可是病人——尤其是女病人——其实是不可以走开的。病人因为做了倾诉工作，所以似乎是和医生连结在一起了。如果这种看起来无任何意义的依附关系勉强被切断，一定会造成故态复萌的现象。

没有依附关系的病例反而是奇怪而且有其含义的。病人显然是治疗好了才回去的——可是因为现在他已迷上了挖掘他内心深处的部分，哪怕付出无法恢复正常生活的代价，也要不顾一切继续倾诉。他受无意识的支配——受自己的控制——而不是医生的。显然，他已尝过忒修斯①及其同伴庇里托俄斯②进入地狱将冥府女神请回到阳世的经验。在回来的路上，因为累了，所以就坐下来歇一会儿，最后他们发觉自己已经和石块长在一起，站不起来了。

这些奇怪而出乎意料的事件都需要解释给病人知道，而且上面曾提过运用宣泄治疗法行不通的案例，也必须以解释来处理。虽说这两类病人显然是完全不同的，不过相似之处是两者皆须利用解释——即探究弗洛伊德所发现的"固置现象"③问题来源于何处。那些受过宣泄治疗法的病人，"固置现象"非常明显，尤其是那些仍然依附于医生的病人。类似的问题也体现在催眠治疗的不愉快结果上，可是此一依附关系的结构还没人知道。现在我们已发觉，此一问题联结关系和父子之间的关系颇为类似。病人开始陷入一种孩子气的依赖状态，甚至根本无法运用理智与悟性去保护自己。固置的病征有时出乎意料的强烈——严重到使人把它误认为是受到某种来自超自然力量的影

① 忒修斯（Theseus），希腊神话中阿提卡的英雄，为雅典王埃勾斯之子，一生颇多勋绩，尤以杀死牛头人身怪物最著名。——译者

② 庇里托俄斯（Pirithous）为拉庇泰人的国王，他是英雄忒修斯从事各种冒险活动时的同伴和助手。——译者

③ "固置现象"（fixation），即人格发展过程当中因在早期发展阶段所受深刻影响而其性格固定于该阶段的情况。——译者

响。可是既然此过程是无意识的，病人无法给出任何线索。很显然地，我们现在正面对着一个新的症状——一种直接由心理治疗导出的"神经症"。于是问题就来了：如何来应付此一新难题呢？表面看起来，毫无疑问，父亲的意象及其感情等记忆现在已经转移到医生的身上了，不论后者是否愿意处于父亲的地位，病人显然已处于孩子的关系位置了。显然并不是由于此关系，他才变得很孩子气；而是因为他自己本来就有孩子气的特质，只不过被潜抑住而已。现在孩子气浮到表面上来了，而失去已久的父爱又找回来了——开始把孩童时代的家庭气氛恢复了过来。弗洛伊德为此现象取了个适当的名字，称为"移情"。在某种程度范围之内，去依赖帮你忙的分析师当然是正常的，可以理解的。只有那种很少见地拒绝移情，并拒绝接受纠正的人，才是不正常的，意料之外的。

把此一联结关系的性质加以解说，是弗洛伊德的杰出成就之一——至少他已从个体的历史经历去解释了这一点——而且他也已为心理学知识领域开拓了一条康庄大道。今天，大家都已断定，该联结的关系乃是无意识里的幻想所引起的。这些幻想实际上便是我们所谓的"乱伦"的特性；这点似乎已可以说明，为什么这些幻想一直都保持于无意识状态中，只用"倾诉"的方法根本无法使之显现出来的原因。虽然，弗洛伊德曾屡次提及这些乱伦的幻想受到了潜抑，更深入的经验表明，我们发觉这些幻想根本未曾被意识到过，或只是以很模糊的形式进入意识——因此，我们便不可把它们视为是些曾故意被潜抑住的东西。据最近研究的报告，似乎这些乱伦的幻想一直都是处于无意识中的，一直到利用精神分析才被发掘出来。我这样讲并不是说，把它们从无意识中提出来是项干扰本性的行为（这种行为我们最好是避免为佳）；我个人只是希望提醒大家，此一过程和任何的外科手术一样，是件严肃的工作。当精神分析过程中遭遇某个不正常的移情，唯有发掘出乱伦的幻想方能将之处理。

宣泄治疗法为自我的内容寻得了和意识相接近的方法，而且使它走上正常的道路；而另一方面，澄清移情作用的过程使得其中的内容真相大白，这些内容由于其本身的特性，无法进入意识里。这便是倾诉阶段与解释阶段的主要不同。

上面我们已经讨论过两种病人：一种是那些无法用宣泄治疗法应对的人，另一种则是利用该法可臻效者。另外刚才我们也谈过其固置现象以移情形式出现的病人。除此以外，我们提过那些和医师无任何依附关系，但他们自己却已和其无意识产生了一种错综复杂的关系的病人。这些病人的父亲意象仍无法以另一个人为转移对象。该意象成为一种幻想，但是仍有其吸引力，而且和移情所产生的依附力量相差无几。

　　那些无法毫不保留地接受宣泄治疗法的病人，其原因如果根据弗洛伊德研究的观点来看便可容易明白。我们会发觉，在还未去看医生前，病人早就把自己认为是父母亲了，经由此一认可而产生的力量、权威、独立及批判力使得他们生出一种抗拒治疗的力量。像这样的人都是些有教养、有个性的人。而另一些人则是无意识中父亲意象的牺牲品，他们却不知不觉间把自己和双亲等同起来并从其中产生力量。

　　谈及"移情"这一问题，我们实在无法凭倾诉的方法得出什么成果来。因此，这才使得弗洛伊德不得不把原本布罗伊尔①的倾诉的方法从根本上作一番修正，改成他自己所谓的"解释法"（interpretative method）。这一过程是必需的，因为移情所造成的关系势必需要加以解释。一般外行人也许不晓得其重要性；可是忽然身陷于那些不可思议的幻想中的医生们很容易看得出来。他需要把"移情作用"解释给病人听——将他把医生设想成何许人的事实解释给病人听。病人本人也不知是何原因，医

---

① 布罗伊尔（Breuer Josef，1842—1925），奥地利医师、生理学家，从事精神分析的先驱，与弗洛伊德合著《癔病的研究》（1895 年）。该书首先向世人公布净化治疗法的效用。——译者

生只好尽可能从病人的幻想中获取一些暗示，而后运用分析解说法去研究。而最重要的是，我们做过的梦能提供给我们一些重要资料。当致力于研究和人们的意识无法兼容的潜抑愿望时，当从事梦的研究、愿望的探求时，弗洛伊德才发现了我上面已提过的乱伦内涵。这些当然并不是唯一的研究成果；他还因而发现了人性所可能蕴含的丑恶部分——要我把这些东西一一列出来，我想得穷毕生之力吧！

弗氏解释法的副产品导致了一个前所未有的结果，即把人的阴暗面巨细靡遗地揭发了出来。这是在想象范围之内有关人性的错觉最有效的解药；难怪攻击弗氏及其派别的人来得那么多，行动那么猛烈。对于那些坚持人性错觉的人，我们无话可说；可是我深知，有很多反对解释法的人原来很能正视人生的阴暗面，没有错觉，却仍反对那种戴着有色眼镜，只从阴暗面去描绘人性的方法。毕竟，主要的问题不在于阴影，而是投射阴影的个体本身。

弗洛伊德的解释法凭借的是那不但开倒车而且渐走下坡的"还原"(reductive)解释法，只要行为太过分了点，太坚持于一己之见的话，就会有不良影响产生。话虽如此，心理学从弗氏的开拓工作中得利还是非常大；心理学现在才知道，人性有其阴暗面，而且不只是人有此面，就是其作品、典章制度、信仰

亦皆没例外。甚至在我们最纯朴、最神圣的信条里，也能找到
卑下的来源。这种判断事物的方法也不无其道理，因为一切有
机体的开始都是简陋的；就如我们造房子是由下往上造的。凡
是有思想的人都不会否认，雷纳克①用原始人的图腾观念解释
《最后的晚餐》这幅画的方法确有其深刻的含义；而且他不会
反对有关希腊诸神的神话中的乱伦主题。当然，无可置疑的，
要从阴暗面去解释光明的事情，并且因此视其来源为非常可怕
的肮脏东西，这是令人难以忍受的。可是，我倒觉得，这便是
人类美中不足的地方，而且也是人的弱点所在，要是说从阴暗
面去解释的方法会产生一种不良影响的话。我们之所以恐惧弗
洛伊德的解释法，乃是因为我们本身所具有的野蛮性与孩子
气，认为只有高度没有深度，这才使得我们蒙蔽了真理，不知
道若走到极端，两端终必相遇。我们有个错误的观念，认为一
旦从阴暗面去解释的话，那么明亮的一面已不复存在！很不幸
的是，弗洛伊德本人就犯了这个错误。其实，阴暗是光明的一
部分正和恶与善之关系的道理是一样的，反之亦然。因此，我

---

① 萨洛曼·雷纳克(Saloman Reinach, 1858—1932)，为法国作家约瑟夫·雷纳克之
弟。自1880年至1882年期间，他在靠近士麦那的米里那等地方有不少考古发
现。——译者

愿不顾众人的惊愕，毫不迟疑地揭露我们西方思想的错觉和渺小；我非常欣慰而且欢迎这个事实的出现，将之视为无比的贡献。从历史中我们常看到，事理的正确性往往便是由于诸如此类的现象所造成的。它逼迫我们去接受如爱因斯坦在现代数学物理方面所说明的哲学相对论，而这便是一项东方人的真理，根本没预料到它对我们产生了这么深远的影响。

心灵观念是最不会影响我们行为的东西了。可是当一个观念是东西方的隔离、其间毫无历史关系可言的心灵经验的共同结果，那么我们就得进一步去加以研究了。因为像这一类的观念乃代表某些无法用逻辑去证明，也不是道德所能制裁的力量；其力量远比人或其脑力要强大得多。人总是相信，是自己塑造这些观念，可是事实上，是这些观念塑造了人，并且使其成为毫无思考力的代言人。

现在且让我们再回到"固置现象"的问题，首先我想在此谈谈解释法所具有的效果。当病人移情行为的阴暗根源被发掘出来，他就会发现，他和医生之间的关系是不合理的，他免不了会认为他的想法是多么不合适、多么幼稚可笑。要是他曾有是权威的感觉，他将会把他的较高地位改换成一种更谦卑的地位，也会去接受这样一种不安全地位，这样比较有益于身心，如果他曾对医生做孩子气的依赖行为的话，现在一定会发觉一项必然的真理，即依赖他人是一项最幼稚的自我陶醉方式，取而代之的该是更有力的自我的责任感才对。稍有点见地的人将会有自知之明。一旦确知其缺陷后，他一定会以此种自知之明来保卫自己，此后也将投入生活的战斗行列，从不断的工作与经验中抛开那种促使他去执着于孩子乐园不放的力量。坦坦荡荡去容忍自己缺点的行为，将会成为他在道德上的原则，他将尽力去摆脱感伤情调和错觉。最后的结果必然是，他会渐渐离开充满弱点与诱惑的无意识——这是充满道德性及社会性挫折的贮藏所。

　　现在，病人所面临的便是被教化成为一个社会人的问题了，于此，我们便要进入第三阶段。那些对道德问题较敏感的人，只要他们开始对自己内心有所了解的话，便足够令他们继续奋斗；然而对于那些毫不重视道德价值的人而言，仅这些是不够的。即使他们深信"领悟的方法"，但如果缺乏外在因素的刺激，对于他们而言，仍然发生不了效力，而且对于那些亲自尝试过分析解说法，但仍然对它抱怀疑态度的人更是如此。这种都是一些心理上受过教育，能深解"还原"解释法的道理，但仍然无法接受的人，他们认为解释只能破坏其希望与理想。像这样的病人，"领悟"仍然不够用。这正是解释法的限制之所在。只有在那些敏感的人，即那些能够从对自己的认识中独立得出道德结论的人身上，解释法才能够获得成功。当然我们利用解释法可以比不解说的倾诉法更往前推进一步，因为此法至少可磨炼磨炼心灵，而且它也可能唤醒那些有益处的潜在能力。但事实上，有时最详尽的解释法也只能使病人变得非常有理性而已，其结果照样保持经验。毛病就出在，弗洛伊德"享乐原则"的解释法显得极为偏差，不足以说明一切，特别是当其应用到发展的后一阶段时更是如此。此一观念是无法适用于每个人的；因为即使每个人都有这一面，那也并非总是最重要的情况。一个饥饿的艺术家宁舍弃一幅美丽的图画而要面包，一个在热恋中的人宁舍弃事业而钟情于爱人；那一幅画也许对前者最重要，而事业则对后者非常重要。一般来说，"享乐原则"是较容易用来说明那些很易于适应社会而获得成就的人，而对于那些渴望变得强大而重要却无法适应社会的人，就不那么简单了。老大继承他父亲的事业，握有权柄，其行事或多受欲望支配；而那觉得处处受压制、不受人重视的老二，其行事的动机却多出于野心，有要求被尊敬的渴望。他甚至会完全受此情绪的摆布，任何其他事情对他都无足轻重。

　　现在我们已经知道弗洛伊德的解释法不够彻底，正当此时，他以前的学生——阿德勒，便出来解决此一问题。阿氏斩钉截铁地说明，有很多的神经症其病因用"权力欲"比用"享

乐原则"更容易解释得通。因此，他的解释法便是要说明，是
病人自己"安排"出症状来的，其目的乃是为了求取一点虚
名，因而给自己带来了神经症；他的移情现象与固置现象也是
为了迎合权力欲的要求，因此这种现象可说是代表着一种要反
抗幻想出来的屈就的"男性的抗议"（masculine protest）。很显
然地，阿德勒的注意力是集中在那些一心一意想提高自信心，
但却把它压抑住而在社会上毫无成就的人。这些人之所以患神
经症乃是因为，他们常幻想自己受到了压制，常感觉无法充分
发挥自己的想象力，结果最后把他们的最终目标埋藏了。

　　其实，阿德勒的方法是从第二阶段开始的；他解释症状的
方法如上所述，这需要诉诸病人的了解力。然而，阿氏常不期
望病人有太多的了解。根据他进一步研究的结果，发现了社会
教育的需要性。弗洛伊德是一位研究家、解释家，而阿氏则是
一位教育家。不愿把病人置于孩子气的境况而不顾，当病人了
解自己但仍然一筹莫展时，他便尽力利用教育方法去把病人改
变成一位能适应社会的正常人。从这方面来看，阿氏可算是弗
氏方法的修正者。他之所以如此做，显然是深信，社会适应力
及正常化是不可或缺的——对于个人而言，不但可符合其愿
望，而且也可赋予他最适当的成就。阿德勒派的学说之所以能
大为盛行，便是因为他持有这种看法——然而有时候他忽略了

无意识，有时完全把它否认了。也许这是一个钟摆———一项对于弗洛伊德过分强调无意识的反动现象；同样的，弗氏强调无意识也是因为一般人都畏之如蛇蝎，避而不谈，这种现象特别见于那些努力在社会上求发展和身体求康健者。因为假如无意识被认为只是一个容纳人性之恶或阴暗处，甚至包括那些原始的罪恶诉求的话，那么我们为什么还要走近这我们曾掉进去一次的沼泽边缘呢？研究者也许在泥坑中看到了一个充满神奇的天地，可是普通人却常视之为须退避三舍的地方。就像早期的佛教教义，为了要摆脱存在近两千年有关神的说法，所以只好否认神的存在了；同理，心理学如果想要有更进一步发展的话，便要采取一项极为否定的研究法去对待弗洛伊德在无意识方面的理论。

　　主张以教育为主的阿德勒派者正好是从弗洛伊德停止的地方开始，因而得以帮助那些了解自己内心的人去过正常的生活。也许只让他了解如何和为什么会生病是不够的，因为知道了恶的根源还是无法对治疗该病有裨益。我们必须牢记一点，即曲折的神经症是含有许多顽强习惯的，而且我们也不该忘记，即使有了相当的了解与领悟，除非这些恶习得以为其他习惯所代替，否则神经症是不会自动消失的。可是习惯是要经过反复练习才可能形成的，所以说，适当的教育便是达到此目标的唯一办法。实际上，病人是应该被引导走到其他道路上去，此工作通常都须具有一种教育意愿才行。因此，我们便可以明了为什么阿德勒的手法特别受牧师及教师们的欢迎，而弗洛伊德派者则尤其受到医师及知识分子们的拥护——后者常不是好的医护人员和教师。

在我们进行心理分析的过程中，每一阶段总会有某些特别具有决定性的东西存在。当我们做了有益的倾诉，经历了宣泄净化的过程时，我们觉得终于达成了目标；一切都已水落石出，都已一清二楚了，每种担忧都已经历，所有的泪水都已滴尽；从此一切将走上正常化的道路了！做完解释法以后，我们也同样深信，现在我们已经知道神经症的根源何在了。最原始的记忆已经被挖开，最深的根已被拔出；移情作用只不过是一种要实现孩童乐园愿望的幻想，或是一种缅怀过去天伦之乐的现象而已；通向正常的、觉醒的生活大道已经开启了。可是紧接着，又是教育阶段的来临，我们发觉，要使一棵长得不好的树长直，倾诉或解释是做不到的，我们最需要的是一位训练有素、深谙园艺的园丁。

每一发展阶段所带来的惊异结果便可说明，为什么今天有许多使用宣泄治疗法的人显然根本没听过"释梦"这一名词。有许多弗洛伊德派仍不知阿德勒，而也有不少阿德勒派不愿意提及无意识！每一派的人都自以为他的结果，便是最后的结果，这样一来，难怪要有众说纷纭的情形发生，观念大为混乱，使得我们不知何所适从。

可是到底是什么原因造成这种各执其是的现象呢？我只能以下面这个理由来解释：心理分析中的每一阶段都总结为一个基本的事实，因此，出现了许多说明此原理事例的惊异的方法。因为世界上存在太多的幻觉，很少人会因碰到几个例外就不相信一个真理了。凡是怀疑此真理者，一定会被当做是没信仰的堕落者看待，与此同时，大家却允许有幻想和不容忍的态度同时存在于各方面的讨论中。

然而，我们每个人传递知识火炬的距离是有限度的，我们需要他人来接力。要是大家都能很客观地去接受这个道理——我们要了解，我们并非真理的创造者，而只不过是真理的诠释者，只是今日众人心灵需求的代言人的话——那么，其中许多的毒素与恶意自能免除，而且我们也自能了解人类心灵所具有的深刻性及超越个人的连续性了。

通常，我们都忽略了一点，即医生利用宣泄法当做是治疗手段，并不只是将抽象观念进行具体表现，因为这种具体表现所带来的也只是宣泄而已！医生也和常人一样。他的思想当然可能只限于他专门的范围内，可是他的行为是会深深影响一个人的。由于他不知道这一回事，或说不出一个适当的名称，不知不觉地就做了许多解释和教育的工作了；而另外的许多分析者和他一样，也用宣泄治疗法做了许多同样的工作，只是未将它归纳成一套有系统的原理而已。

到目前为止，分析心理学三个阶段的顺序并不是可以随随便便颠倒的。这三个方法与程序相辅相成，而且都是同一问题中的个别部分；三者之间的关系及其与忏悔之间的关系一样，都是互不侵犯的。同理，第四阶段，即"相互改变"阶段，也是如此：此一阶段不应被视为是最后一关，或是千古不变的真理，它的功用乃是要补充前一阶段的不足处；它正适应那多出来的，但仍未满足的需要。

为了述说第四阶段的原理，以及对不寻常的名词"相互改变"作个说明，我们首先必须注意至此于其他阶段中仍然还未占有其应得席位的人类心灵的需要。换言之，我们必须找出，除了做一个适应社会的人之外，什么是人们最想得到的东西。做一个正常人是最有用、最适当不过了；可是一提到"正常人"（normal human being）这一概念，好像是暗示说，做一个正常人即意味着有适应能力的人。按照常理而言，一个人通常都是因为已经发现无法处理好日常生活，才会把此限制当做是进步：我们可说，那便是一个所谓其神经症病况已使他无法过正常生活的人。过"正常"生活可以说是那些不成功的人的最高理想，对于那些仍然无法适应社会的人来说。可是对于那些比普通人技高一筹者，那些永远有办法履行他们分内之事者，要他们过一种这样的正常生活，正如要他们永远睡在普罗克拉提斯①床上一样难受、无聊和绝望。因此，才有许多神经症病人的毛病不过是因为他们的生活太平凡了，这一点和许多无法过正常生活的病人情况是一样的。这些人，想要教导他们走上正常化，简直可以说是在做白日梦；他们真正最需要的东西便是希望能过一种"不正常"的生活。

一个人之所以想要获得满足或实现愿望，乃是因为他还缺少这些东西；对于他已经拥有的东西，他一定不会感到有太大的兴致。适应社会对于那些有此能力者根本不会有什么吸引力。对于那些早已知道怎么做的人，老是要他做正确的事一定会令他生厌。相反地，那些笨拙的人却常渴望在不久的将来，能够拿出一点成果来。

个人的需要因人而异。令某甲感到自由的东西，对某乙也许便是碍手碍脚的——这些只要正常与适应性的标准便足够说

① 普罗克拉提斯（Procrutes），古希腊一强盗，捕得旅客后将之缚于床上，然后或砍其腿，或将之拉长，以适合其床。——译者

明。虽说从生物学的原理来讲，人是种群居的动物，而且只有过社会生活的人才能有健康的身体。可是我们上面所看过的第一种情况却是违反了此一说法，甚至还证明，他只有过非社会性的不正常生活，身体才能康健。很遗憾实用心理学无法为此提供有效的秘方或标准。许多个案，其需求与主张都迥然相异——其差异的程度使得人不知哪个已有的案例可以参照。因此，医生们最好还是否认所有不成熟的假说。这当然并不是要他们摒弃所有的假说，而是说，他们应该把适用于任何一个现成病例身上的假说视为是假设性的。

然而，医生的工作并不仅止于教育或说服病人而已；医生应把自己对此特别病况的反应述说给病人听。通常我们总易于歪曲事实，其实医生与病人之间的关系，在所谓客观与职业性的治疗范围内，仍然是非常具有主观成分的。我们不能武断否认，治疗并非病人与医师两者皆参与、两者相辅相成的工作的成果。治疗须两项基本要素皆具——即任何一方单独并无固定的或决定性的重要意义。他们的意识范围也许容易划定，可是他们仍然具有相当辽阔的无意识世界。因此，医生与病人的性格常比医生的所思所言更能左右治疗的成果——虽说我们不该将后一因素的效果价值低估了。两种个性的会合和两种化学物质的接触是一样的：如果产生了反应，双方一定都会产生变化。我们应期待医生能对病人产生一种有效的心理治疗影响：然而此一影响只有当医生也受病人影响时方能产生。假如你无法被影响，你一定也无法产生任何影响力。医生没有必要去避免受病人的影响，也无必要装出一副道貌岸然的样子。如果他这样做了，那他就等于自愿放弃了得到资料的宝贵机会，而实际上，他不知道此时病人仍然不知不觉地在影响着他。病人为医生所带来的许多无意识方面的变化，许多心理医生都有所了解；这些在病人“化学性质的”影响之下所带来的害处便是这一行业别有的。其中最有名的就是“移情现象”所引起的“反移情”了。可是这些现象所带来的后果非常微妙，其性质便是传统上所谓的驱魔疗法。根据此一原理，病人便把他的病菌转移到了健康者身上，而后者又把病魔驱除了——虽说其间免不了会在治疗者身上发生一种负面影响。

从医生与病人之间的关系，我们找到了促成相互改变的不可思议的因素。在这互换过程中，较镇静、较坚强的一方往往是决定结果者。我个人曾碰到过许多病例，看到病人在驳斥理论和医生意见方面都表现得比医师更为强烈有力；一旦发生这种情况，通常（而并非一定）是不利于医生的。相互改变阶段的实质便是相互影响及其所具有的各种特性。要了解这些事实的真相需要的不只是二十五年的实践经验而已。弗洛伊德本人也承认它的重要性，因此也很赞成我所提出的分析者本身也必须接受分析这一建议。

可是我这项建议的用意何在呢？其含义乃在于，医生和病人一样，"同样要接受分析"。他和病人一样，都在心理治疗过程中扮演重要的角色，同样都要暴露于相互的影响之下。实际上，如果医生多多少少拒绝接受这种影响的话，他对病人的影响亦将被剥夺；要是他只是在不知不觉中受到了影响，那么，他一定会显露出一种无法正确判断病人病况的意识的缺陷。在这两种情况下的治疗所得到的效果就要大打折扣了。

因此，我们要求医生亦须面对自己让病人面对的工作。倘若那是一项要他去适应社会的要求，他首先也必得以身作则——否则，病人亦无法适应社会。当然，在治疗方法上，这种要求体现许多不同的方面，须依不同的病况而论。一位医生想治疗"幼稚症"，他就得先克服自己的"幼稚症"。另一位想解除病人所有受压抑的感情，因此他也就须解除自己所有受压抑的感情。第三位想建立病人的充分意识，因此，他自己也就必须在高度意识状态下才可以。总而言之，假如医生期望对病人产生适度的影响，那他就得自始至终尽量去达到他自己的治疗要求。医生在治疗中可能碰到所有这些重要的道德责任，可形成如下结论："身教必先于言教。"单凭谈话通常都是无济于事的，任凭你怎么去变戏法，也不能长期逃出这个法则。最重要的是，应不止于努力说服他人，而是要先自己深深地去相信它。

所以，分析心理学的第四阶段并不只要求病人变化而已，而是医生也须反过来应用该治疗法才行。处理自身问题时，和处理病人一样，医生须同样非常坚定、一致、刚强卓绝才行。当然，要全心全力去处理自己的问题并不是一件容易的事；因为当他要向病人告知他本人的错误方式、结论和观念，他本身该具有的投入性及批判性此时亦应表现出来。一般人都忽略了医生的自省工作；而且，我们通常对自己都不甚感兴趣。另外，因为我们都把人类心灵内部的价值低估了，所以总把自我反省或关心自己视为是一种病态的现象。很显然地，我们总把自己误认为是一间充满不健康因素的病房。医生本身必须先能克服这些抵制情绪才行，因为如果他自己没受过训练，怎有办法来教育他人？如果自己仍然在黑暗中摸索，怎有办法去开导他人？要是自己本身不清洁，怎有可能去净化他人？

在相互改变的阶段中，医生须从教育他人迈向自我教育。通常的情况是，病人先改变自我以达成治疗的前一阶段。这要求医生改变自己以便应对病人的改变的挑战，但这种说法只得到少许人的认可，其原因有三：第一是因为该要求似乎是不切实际的；第二是源于一种不需要关心自己的偏见；第三是，有时要我们自己去做出如同我们要求病人要做到的成绩，这是非常困难的。尤其最后一项要求更是医生自我诊断无法普及化的主要原因，因为如果他凭良心去实行自我诊断工作的话，很快地，他便会发觉，他的本性中也有许多非正常化的、虽经详细解释而仍然困扰着他的东西存在。他该如何处理这些东西呢？他对于病人的事情倒是一清二楚——那是他分内的事。说句真心话，他该怎么处理那些关乎他自己或那些与他密切相关的事情呢？要是他作了自我检讨，他一定会发现，自己亦有许多在病人面前会损害自尊的缺陷。一旦他有了这种发现该如何处置呢？这一多多少少带有"神经症"的问题会深深地困扰他，不管他自己以为是多么正常。他也会发觉，那困扰病人和他自己的问题是无法应用"治疗法"解决的。他将要使病人了解，期望从他人处获得解决的期待将永远停留在孩童的阶段；而他自己也会知道，要是找不到解决的办法，这些问题只好仍然再被潜抑住了。

我不想进一步去讨论自我检讨及其许多有关的问题，因为在研究心灵所遭遇到的那么多难题面前，目前根本还无暇去顾及它们。我宁愿强调一下前面讨论过的：即分析心理学最新发现的有关人性难以了解的因素；我们已经懂得医生的个性在治疗中也是有益或有害的因素；以及我们已经开始要求医生改变自己——教育者的自我教育工作。凡是病人经历过的，医生也该经历，而且他去经历一番倾诉、解释与教育的阶段后，才可避免他的性格对病人产生一种不良的影响。医师将无法以处理他人的难题来逃避自己的难题。他该记住，一位患有脓疮病的医生是无法去主持外科手术的。

正如无意识阴暗面的发现迫使弗洛伊德派不得不去处理宗教问题一样，分析心理学最新的进展也造成了医师不得不在道德态度上作出自我改变。要求医生作自我检讨和自我批评的工作，大大地改变了我们对人类心灵的观念。这是无法从自然科学的观点去了解的；不但是病人，而且是医生；不但是客体，而且是主体；不但是头脑，而且是意识本身。

从前的医学治疗法现在变成了自我教育法，所以，我们今日的心理学领域也随之大大地扩展了。医学学位不再是重要的东西，而人的本质才是重要的。这是很重要的跃升。一切在临床实验里的心理疗法所发展出来的、经过改良的、经过整理成系统化的工具，现在已经都可派上用场了，而且可用来作为自我教育及自我完善的用途。分析心理学已不再只局限于医生的诊断室里，其限制已被打破。我们可以说，它已超越了自己，现在已进化到可填补目前仍然存在(与东方文化比较之下)于西方文化中的心灵空虚。我们西方人已经懂得如何去驯化、制服心灵，可是我们对于其方法的发展始末及其功用却仍然无所知悉。我们的文明仍然是年轻的，因此，我们需要运用所有驯兽师使用的技法，来使存在于心中难以驾驭的野蛮成分变得驯服。然而当我们达到一个较高级的文化水准时，就该放弃强迫法，而采用自我改良的方法。为此我们应说了解一种方法——可是直到目前为止，我们仍然一无所知。我个人认为，分析心理学所有的经验至少可拿来作为此工作的基础；因为一旦心理疗法要求医生做自我完善的工作时，它便会脱离临床的限制，不再只是个治疗病人的方法而已。目前它亦可裨益于健康者，或至少对于那些有资格享有健全心灵者，及那些患有每个人都共有病症的人，也是一大福音了。所以，我们希望看到分析心理学得到普遍的应用——比它在最初的阶段里所拥有的那几个方法更能被人所运用。可是在这个希望得以实现与现在的真实情况之间，存在着一道无法跨越的深渊。我们需要慢慢地用一块块的石头把这座桥建造起来。

心理治疗的目标

　　目前大家都同意，神经症是种功能性心理疾病，要利用心理治疗才能治愈它。可是一旦我们谈及神经症形成的问题及治疗法的基本原理时，大家便开始众说纷纭，莫衷一是了。我们要承认，直至目前为止，我们对于神经症的性质及治疗原则仍然没有十分令人满意的了解。虽说当前已有两种思想学派比较广为人知，但并不能说明他们的观念能概括今日各家的学说。在这众说纷纭之间也有许多不属任何一派的学者发表了他们的意见，因此如果我们尝试要为之作个概括性的描述的话，唯一的办法只好仿照彩虹那美妙的渐次着色法去逐一加以介绍了。

　　要是能力所及，我一定很乐意去做这种描述的工作，因为我一直都觉得有把许多观点加以比较的必要。长期以来我总是不得不给予各种不同看法以应得的尊重。这一类的意见不会产生——更不会得到支持——要是这些盛行的意见不与某些特殊人格、特殊性向及基础性的心理体验相符合的话。如果我们要把这些看法斥责为是错的、无用的，那就等于说，支持此一看法确立的人格或体验是错误的。换言之，那我们就等于在指斥自己实验素材的荒诞性，而打自己的嘴巴了。大家普遍接受弗洛伊德利用性欲去解释神经症的现象，以及心理的一切活动主要都以孩童期的快乐及其满足为主的说法，这些当然可供心理学家们作为参考之用。然而他将发现，这种想法与感受正好和目前相当普遍的精神潮流不谋而合——在其他地方、其他情况下，在各种阶层的人们心中，它们以其他姿态出现，与弗氏理论并不尽相同。我把此种现象称为"集体精神"（collective psyche）。首先，我觉得在此有把哈夫洛克·埃利斯①及奥古斯特·福雷尔和《人类繁衍》杂志的著作提出并加以讨论的必要；同时我也要讨论维多利亚时代后期的盎格鲁-撒克逊民族的国家对性所抱的态度；另外我还要涉及大众文学里逐渐普遍讨论到性问题的现象，特别是那些法国的写实主义者，"性"更

---

① 亨利·哈夫洛克·埃利斯（Henry Havelock Ellis, 1859—1939），英国心理学家。由于他的父亲及外祖父都是船长，因此一生大半在太平洋中度过。他的心理学理论成就仅次于弗洛伊德。他主要强调生物学的重要性，因而忽视了临床经验。——译者

是其津津乐道的话题。弗洛伊德在今日，只是有其历史背景的心理解说者之一。可是因为众所周知的理由，我们在本书里无法去探讨他的历史细节。

和弗洛伊德一样，阿德勒在新、旧大陆上所赢得的赞许也有相同的含义。他认为有许多人因自卑感作祟才导致权力欲的产生，这一看法当然是不可否认的。这种观点可为弗洛伊德学说中无法充分解释的心理现象做个说明。我无需详细阐释"集体精神"的力量，也无需把阿德勒观念中的社会因素一一列出，更无需将其理论加以明确描述，这些都是很清楚的东西。

把弗洛伊德和阿德勒等人的观念中所含有的真理一概抹杀固然行不通，但视之为唯一的真理则更是错谬。两人阐明的真理都各有其心理上的根据。的确是有很多的病例可用两者之一来解释或说明。我无法说他们有何差错，相反地，我反而想尽量利用他们的假说，因为我十分接受他们的真理性。如果我从未发现其理论无法解释某些东西，以致迫使我不得不修正这些理论的话，我不会想去背叛弗洛伊德；与阿德勒观点的关系也是如此。似乎无需再指出，我并不自诩为已获知绝对真理，我的理论也是为解释某些因素而倡导的。

如果可能，今天我们该在应用心理学方面尽量保持谦虚的态度，对于许多似是而非的矛盾看法也该给予应有的地位才对；因为我们目前距离全盘了解人类心灵的境界仍然相去甚远，这一领域仍然是科学性研究最富有挑战性的领域。目前我们所能确有把握的观点不多。因此，我想，如果我将我的看法做个概括性描述的话，希望不会被误解。我并不是在向大家推荐什么新理论，更不是在传播什么福音。我只能算是在尝试说明一些不太明了的部分，在从事某种能克服心理疗法难题的研究工作而已。

后一项便是我在此想加以讨论的东西，因为那是最急需加以修正的部分。大家都知道，人们可以容忍某个错误的理论，可是却无法容忍某种错误的治疗法。在我三十年的实际临床治疗经验中，我所遭遇的许多失败，远比我的成果更难忘。几乎每个人，上自原始时代的巫师，下至为人祷告治病者，都有办法在心理疗法方面有些成绩。可是心理治疗者却无法从他的成就中获取任何裨益。心理治疗师只能从他自己的成就及他自己许多次失败的教训中增加信心，那些才是无价的经验，因为它们不但能提供给他更深入到真理内部的机会，而且还可迫使他不得不改变过去的看法与方法。

我当然很了解自己从弗洛伊德与阿德勒两人之处受益匪浅；而且只要可能，我常把他们的观念应用到实际治疗病人中。可是要说明一点，如果我当初把那些迫使我日后不得不去修正他们观点的实验材料加以详细研究的话，我一定可避免许多不必要的错误。我无法把遭遇到的详细情况一一指出，只能把其中几个较典型的病例提出来加以讨论。一般说来，应对年纪较大的病人——年龄超过四十岁——困难都会大些。而应付年纪较轻者，我发觉弗洛伊德与阿德勒的学说便足够了，因为他们的治疗法常可帮助病人回复到适应社会及走向正常化的人生大道，不会产生不良后果。根据我个人的经验，年纪较大的病人便无此能力了。我似乎感觉到，这些人的心理构成在人生的过程中已经有了显著的变化——变得我们几乎可将之划分为生命的早晨及生命的下午两部分。规律上，一位年轻人的生命特色主要包括一般性的揭开序幕及奋力迈向终站；其神经症的来源通常都可归诸他在该过程中的踌躇与退缩两种现象。可是一位上了年纪的人，其生命的特色便是节制其精力，稳固他的成就，已无法再求上进；其神经症的现象都是由于他仍然妄想坚持那早已过时的年轻时的抱负。年轻的神经症病人惧怕生命，年老者则恐惧死亡。就年轻人而言，依赖双亲本是那么顺理成章的事，现在他需要但不敢去面对现实的世界，这种现象便发展成一种对生活有害的"乱伦"关系。我们该记得一件事，虽然有相似性存在，可是阻抗、潜抑、转移、"虚伪"等现象就年轻人而言是一种含义，就老年人而言则又是另一种含义。治疗法的目的经修正后应符合此一事实。因此，我个人认为，病人的年龄是一重要的征候（indicium）。

可是我们也得注意到年青时代的其他征候啊！如果该运用阿德勒心理学的地方却代之以弗洛伊德的治疗法，就方法而言，便是犯了一项大错，如同一个在事业上没任何成就的人，用孩童式的满足提高他的自信心。相反地，该用弗氏享乐原则但用了阿氏学说去解释一位成功者，同样亦是一种错误。在某些难度较大的病例中，病人的阻抗现象通常都可被看成有用的指标。我个人便常愿意把那些根深蒂固的阻抗现象看做是很宝贵的东西，虽说乍听之下有点违背常理。因为我总有个想法，医生并不一定比病人更有办法去了解连其本身都不知所云的心理状况。就目前的情况而言，医生的这种谦虚态度是极为适当的。我们现在的心理学不但还未臻健全，而且有关心理结构的知识亦少得可怜，此外也有许多使用一般说法仍然无法解释得通的个别心理状况。

至于有关心理结构的问题，我根据早已为许多研究人性者所觉察的典型区别提出了两项基本看法——即内向与外向两点。这些观点亦是我视为极宝贵的指标，这正如我所说的某种特殊心理功能强于他种功能的现象。由于个体的生命形形色色大不相同，因此促使我们不得不随时随地修正自己的理论，这是医生们不知不觉中常会做的事，只是不一定和他的理论原则完全符合罢了。

一谈及心理结构，我们不该忽略的是人们的态度有唯心、唯物两种。我们不该随便就遽下断言，某种态度是突然产生的，或是由于某种误解而发展出来的。某种态度并非只凭批评或说服就可使之动摇；有许多病人，其不可撼动的唯物观往往是因为他力图否认（他心中的）宗教倾向而造成的。情形与此相反的病例目前更受人注目，但并不比前一种病例多。据我个人的看法，这些观点亦是不该忽略的"征候"。

当我们提到"征候"一词时，其含义，就一般医生的习惯语而言，乃指这种或那种治疗法。也许事实本该如此，可是心理治疗显然至今仍未达到这种极有把握的程度——因此，我们的"征候"，很不幸地，只能作为一种要人不可陷入偏见的警告而已。

人类心理是最难捉摸的东西。在每个单纯的案例中，我们必须考虑到一个问题，即是否某种态度或某种习性只是另一种相反态度的心理补偿现象而已。我承认在处理此问题时常有差错，在某一较具体的病例里，我常禁不住要搬出所有解释神经症结构的理论假设，以及所有病人所能做及该做的事情。尽可能地，我都凭借经验来决定治疗的目标。也许这是很不寻常的现象，因为一般人总认为，一位治疗医生应该有个目标才对。可是我个人觉得，在心理治疗中，医生最好还是不要有太固定的目标为妙。他并不了解病人的本能和求生欲到底要求做什么。一般的情况是，当人们做重大决定时，其本能以及其他神秘无意识远比意识及有意义的推理发挥更多的作用。适合某甲穿的鞋子不一定适合某乙；世界上也没有所谓可适合于各种情况的生命秘诀。每个人有每个人的生活方式——某种不可以其他方式来代替的方式。

如上所述，我们并非说，要使病人恢复正常而理性的生活已完全不可能了。假如确实如此，我们当然可到此为止；可是如果还有余地，那么医生便该对病人的无意识资料重新善加处理。我们该遵照本能的要求，医生该走的路不只是治疗问题而已，他该尽量协助病人发挥他的潜在创造力。

下面我所要讨论的部分，便是治疗法已束手无策，医生需另谋发展。我对心理治疗的贡献亦体现在于当那些理性治疗法无法导出令人满意的结果时。我的病人大部分都曾经历过多多少少的心理治疗，其效果通常都极为有限，有的则全属枉然。我几乎有三分之一的病人，其神经症都不是只凭临床经验便可下定义的，他们的毛病出在他们对人生已感到乏味。我觉得，像这种病症便是我们时代的普遍的神经症。我的病人足足有三分之二以上的人都过了中年。

利用理性治疗法去应对这种特殊病人确是件棘手的事，因为这些人大部分都属于那些在社会上有相当成就、受社会尊重的人，对他们而言，回复正常化根本没有意义。对于这些所谓的正常人，我实在不知所措，因为我本人亦没有现成的人生哲学可提供给他们。在这大部分病例中，我的意识资源都已用尽；当我碰到这种情形，我真的只好说："我束手无策。"就因有此现象才迫使我不得不进一步去探求出其中隐藏的可能。因为当病人问我："你给我什么忠告呢？我该怎么办才好呢？"我总是不知如何回答。我所知的并不见得比他多。我只知道一件事：根据我意识层面的看法，我已不知再怎么往前走，因此，只能说，我已"束手无策"了，我的无意识其实不愿忍受这种可怕的中辍现象。

这种中辍现象从人类进化史上的观念看来，实际上是极平常的心理现象，而且成为许多童话故事及神话主题中屡见不鲜的事。我们已听过"芝麻开门"的故事，或那些寻找隐秘路径时遇到善良动物帮助的故事。我们也许可说"束手无策"是一种典型的事件，这些事件在时间的进行中已引发出许多典型的反应与补偿形式。因此，可假定，在无意识的某些反应——例如梦——里，必可找到与此相类似的东西。

因此，在这些情况下，我的兴趣便特别往梦的方面集中。这不是因为我坚持梦最能指点迷津，或是因为我掌握了一个万事万物如何在梦中呈现的神秘理论；我的出发点只是基于梦本身所具有的错综复杂性。我个人对于除此之外是否仍有他法不甚清楚，所以尝试从研究梦下手；我相信，它至少可为我们把有其涵义的意象指示出来，总归聊胜于无的。我并没有什么梦的学说；我对于其由来一无所知。而对于我处理梦的方法是否有资格被称为所谓的"方法"，我自己亦甚感怀疑。

和读者们一样，我也有相同的想法，我认为梦的分析确是件集模棱两可与武断之大成的工作。可是另一方面，我知道，只要我们花足够的时间去思考，彻底地加以研究——只要我们反复再三加以研究——最后总会有某种结果。这样的结果虽说不一定是某种科学的东西，或是某种可将之理性化的东西，而是某种实际的、重要的线索，可以指示病人去明了其无意识引导他走向的方向。我对于我们研究梦有何科学性的实际效果这一问题并不十分关心；因为关心于此，其目标就是以我个人利益为出发点，一种自我炫耀的工作而已。只要我的效果，就病人而言，是某种言之有物、能使他重新激起生命活力的方法，那我就感到十分满足了。我自己可以为梦的分析下个断言：梦的分析确已生效。至于有关我对科学的嗜好问题，只好他日另谈了。

初期的梦——即那些由病人本人在治疗初期向我所述说的梦——的内容向来是花样繁多的。通常情况下，这些梦都能直接为梦者说出他的过去，并使他回忆起那些他现有人格已遗忘或失去的事件。由于这些遗失现象才促使他走向一端，而这种极端最后引起了中辍状态，进而迷失方向。以心理学的术语来说，走极端不会导致突然丧失力比多。昔日的一切活动变得无趣甚至无意义，一切所要达到的目标顿时失去了价值。对一个人只产生情绪上轻微的影响，对另一个人却是种可怕的东西。在这种情况下，我们常发觉，该病人人格发展的希望往往是在过去的某一点，可是没有人，包括病人本人都不知觉。然而梦却能把线索找出来。此外，也有很多种情形，梦所暗示的是属于目前的事物，例如婚姻或社会地位，通常，这无疑是问题与冲突的渊源所在。

这些可能的情形当然都是属于理性所能解释的范围之内，因此要解释这些初期梦的工作并不难。真正的难题在于，有时梦本身显得毫无意义——特别是显示为对未来之事的暗示时。我并不是说，这些梦一定是具有预言性的东西，我是说，它们有某种预期性及可分辨性。它们暗示着对某一可能性的解释，这一点外行人是不会懂的。有时候甚至我自己也常不能领会，碰到这种情况我就对病人说："我不相信，不过继续说吧！"正如我所说的，这些梦的唯一价值具有的刺激性效果，原因何在我们尚不得而知。这一类的情形尤其常见于那些包含神话意象的一些光怪陆离、令人不知所云的梦当中。像这种梦一般都含有一点"无意识的形而上学"；那都是一些可能蕴藏有意识思想胚芽的尚不能清晰分辨的心灵活动。

一位我所谓的"一般性的"病人，做了一个极长的初期梦，其中很多涉及他姐姐的一个生病的孩子。在梦中这孩子是一个两岁大的女孩。不久前，他姐姐确有一个男孩因病死去了，除此之外，并没有别的孩子患有什么病。在他的梦里，这小孩的意象令我疑惑不解——显然此梦和事实不相吻合。在梦里找不到和他姐姐之间任何直接密切的关系，倒不如说这梦与他本人更有关。之后，他突然想到，两年前他曾研究过神秘学，由此走向研究心理学的道路。这个小孩显然象征他研究心理的兴趣所在，这一点也是我自己从未料想到的。就理论而言，这一梦中的意象既能暗示任何事物又能够什么也不暗示。根据此点推论，难道一件事物或一个事实本身只能暗示它自身吗？我们确知，只有人类才有办法为这件事情赋予意义。这便是心理学非常关心的问题。此梦告诉了梦者一个新奇有趣的观点，即研究神秘学是病态的事。果然这种想法应验了。这一点才是重要的：此一解释产生了效果，虽然我们未必知道何以生效。就梦者而言，这是一个批判性的想法，经此批判，态度发生了某种改观。就凭这么小小的改变，令人难以思议的是，事情开始有了转机，死结也终于解开。

我可打个比喻来为此案例作个评论。该梦暗示说，梦者研究神秘学的行为是病态的。这种感觉我们就称之为"无意识的形而上学"，经由梦者做了此梦，这一想法才能出现。然而我要更进一步说，我不但已使病人明了他和梦的关系，而且我自己也做了同样的工作。我的猜测与看法让他获得益处。如果，借此，我即可打开所谓的"暗示"之门的话，我并不感到有何遗憾；大家都明了，我们总是对于那些已经觉得不对头的暗示才抱着怀疑的态度。就像大家在猜谜时，有时离了谱是无关紧要的。不久的将来，就像有机体会排斥外体一样，心灵一定亦会尽量排斥错误的。我无需去证明是否我的梦解析法正确，这样做也是做不到的，只要能协助病人找出可激起其生命蓬勃朝气的力量来——我一直试图申明的那真正实际有用的东西。

尽量多去学习原始心理学、神秘学、考古学及比较宗教学对于我来说是特别重要的，因为，从这些学科中，我将可获取更丰富的有关病人联想中的推理方式。把这些学科联合在一起加以研究讨论，我们常能从中找到许多看起来不相关联的意义，可把释梦的效果提高不少。因此，对于那些在人生道路上已经有所成就，但感到无意义或不满足的人，进入这样的经验领域是有激励效果的。如此一来，一些本是平常和理所当然的事情会大大改观，而且，甚至可能呈现出一层新的光彩来。因为，重要的是事物在我们眼中的样子，而非事物本身。微小而具有意义的东西往往比那些毫无意义的大东西对生命而言更有价值。

我不认为自己低估了此种做法的危险性。这是件仿佛在空中造楼阁的工作。确实我们甚至可以说——正如经常发生的现象——这种方法便是医生与病人都沉浸于幻想。我不认为这有什么不行，它本身是有其道理存在的。我甚至要鼓励病人去运用他的幻想。说实话，我对幻想有极高的评价。就我个人而言，那才是所谓的男性精神力量的创造性所在。我不想反对幻想。当然，有许多毫无意义的、不正常的、病态的、令人生厌的幻想，其枯燥性只要是稍具有普通常识的人都会察觉出来；可是我们并不可以凭此点去反对那富有创造性的幻想。人类一切工作的渊源都是来自创造性的幻想。既然如此，我们怎么有权利去贬低其价值呢？一般理论认为，幻想并非空洞而不切实际的东西；它是具有深度的东西，与人类和动物的本能是息息相关的。它常会以奇怪的方式作自我修正。想象力的创造性活动使人摆脱了常规束缚，同时亦解放了人的精神能动性。正如席勒所说的，一个有动力的人才算是真正完整的人。

　　我的目标便是带来一种可使病人能体验到其本性的心理状态——一种流动性的、改变性的、成长性的状态，一种不再因受外界限制而感到束手无策的状态。当然，在此只能把我技术的大概原则作一简单介绍。在处理梦或幻想时，我一向的原则是以不超出对病人而言有意义的范围为准则；我在每个病例中尽量让病人明了其意义，以便他本人亦可确知其主观上的联系在何处。这一点非常重要，因为当一件极普通的事发生在一个人身上时，如果他马上就视之为特殊事件的话，那其态度显然有了错误，他是太主观了，结果，他就可能慢慢与社会疏远。我们不但要有主观意识，亦要有个超越主观的意识，使我们融合于历史的延续。不论这听起来多么牵强，可是经验告诉我们，有许多的神经症，其病因都是因为，对理性启蒙运动的幼稚的热情驱除了其心中的宗教观。今日的心理学家应认识到，我们已不再去处理那些教条和仪规。而宗教态度实际上乃是我们精神生活中不可或缺的元素之一，其重要性是不该被抹杀的。凭此宗教态度，所谓历史的延续感方能达成。

　　每次谈及方法问题，我总不禁要自问，我受惠于弗洛伊德有多少？我从他那里学得了自由联想法，我的方法便是将该方法作进一步改进的结果。

从心理学的角度讲，虽然病人经由我的帮助了解了其梦的有效要素，我尽力为他解释了梦意象的含义，但他仍然未脱离孩子气的状态。此时，他依赖着他的梦，不断自问，是否能从以后的梦寻出新线索。同时，他亦倚赖我的帮忙，透过我的见解去增加他的洞察力。因此，他的处境仍旧毫无进展，问题仍然相当多、相当繁复，仍然是处于消极状况下；医生与病人同样不知结局会如何演变。其情景和当年在埃及以色列民族黑暗中摸索的情况非常相似。像这样的状况，我们不该期望会出现什么显著的效果，因为一切都仍然无法确定。而且，我们很可能朝为之、夕毁之，到头来仍是"一无所获"；仍然是毫无头绪可言的局面。时有发生病人向我讲述了一个多彩的或奇异的梦，并宣称："你知道，如果我是画家的话，我会把它画出来。"也许梦真的就是某种有关相片、图画、油画，或者有手稿或影片等的痕迹。

我已将上述这些提示作现实的处理，而且常令病人把他在梦里或幻想中所见到的东西画出来。这样做时我得到的回答常是："我不是画家。"碰到这种情形，我的应对方法都是说，我们都不是现代画家——现代画所讲究的是完全自由——而且，这不是美不美的问题，我只要麻烦他画出来而已。所谓的绘画根本和所谓的艺术不相干，最近我曾要求一位天才肖像画家画出她的梦；她简直不知从何下笔——就像是她从没握过画笔似的。显然，画那些我们肉眼所看到的东西与画那些我们在内心里所看见的东西，完全是两回事。

因此，我就有好几位较年长的病人真的实际作起画来了。我充分了解大家一定会把这件事视为无用工作。不过，我们该牢记的是，现在所要讨论的重点并不是要他们证明什么社会价值，而是要那些已经无法找到对社会的贡献，无法从人生中寻出乐趣的人重新激起生命的活力。投入生命的战斗行列只可能对于那些没尝过其滋味的年轻人有意义，而对于那些已饱尝此味者则不然。那些作千篇一律处理的"教育家"们，可能忽略个人生活的变化多端。但是每一个人或迟或早都被迫为自己找出生命的意义来。

虽然我的病人时常能作出许多站在美学观点看可被置于现代"艺术"展览会中的艺术作品，可是就正规的艺术作品标准而言，我视之为毫不入流的作品，甚至于完全不给他们戴上这种荣衔，因为如果过度吹捧，我的病人也许就要自我陶醉，幻想自己是一位艺术家了，这就把我的原本计划都破坏得荡然无存了。这也不该是艺术的问题，而是某种比艺术更有价值的东西：即对病人有切身影响的问题。站在社会的立场看来，个人的生活价值本是不值一提的，我现在却赋予它最高的价值，这样一来，病人就会不顾一切，努力去把难于表达的观念具体地表现出来，不管有多么粗野或幼稚。

为什么我要鼓励病人在发展的某一阶段中拿起画笔、铅笔或钢笔来表现出自己呢？其目的和我处理梦的目的是一样的：我想创造一种效果。前面我曾提过在那种孩子气的情况里，病人仍处于被动消极的状态；可是现在在他已主动地活跃起来了。首先他把他所幻想的观念表现在画面上，之后，他又加上了其个人的主观构建。他不但谈论它们，而且正在实现他的幻想——就心理学的观点而言，一个人一个星期内两次与医生畅谈（其效果是值得怀疑的），和在一次一连好几个小时内真正提起画笔用水彩来努力作画，最后创作出一张从表面上看来似乎毫无意义的画，是完全不可同日而语的。倘若他的幻想确实是毫无意义可言，要他把它画出，一定是件痛苦的事，以后要他再做一定不可能了。然而，他的幻想对他而言终究并非完全没有价值，那种孜孜不倦握笔而画的工作更增加了效用。况且尝试把意象具体化确能为我们打开许多研究的门径，这样一来，所产生的效果就能被经验到。绘画法赋予幻想某种现实的因素，从而也赋予它更大的影响力。而实际上，这些粗陋的画也确能产生不少的效果，虽说我得承认，我们很难把这些效果明确描述。不过一旦病人有过几次通过作画而其痛苦得到解脱的经验，此后只要他再感到心情不佳，他会再去运用这种解脱法。这样一来，我们所得到的收获便相当可观了，从此，他将坚强独立，开始走向心理成熟的阶段。至此，我想我可以肯定下结论说，病人运用创作法便可重新坚强起来。他无需继续去依赖他的梦或医生的学识，他开始用绘画法来表达其内心经验与感受。因为他的画乃代表他的真正有创造力的幻想——这促使他恢复生命的朝气。生命的朝气该是他的本性，而不是那个被误为自我的自我意识（ego）；那是他的新自我，因为他的自我现在已经得利于其内在的生命力而开始被激励起来。他尽力把其内心深处的活力透过画笔表现在纸上，因为他发现它正是那见所未见、闻所未闻的精神生活的潜在本性。

我也许无法将病人从这些新发现中获益的价值和相应的人格的改变一一描述。自我意识仿佛是地球，突然间发现，太阳（有控制力的自我）才是行星系的中心，同时也是地球轨道的中心。

难道这些道理我们不是早已知道了吗？我个人确信，我们其实老早就很清楚了。可是我的头脑也许很清楚，另外的一个我却并不明了。这样我就表现得好像并不知道一样。我大部分的病人都深知某些大道理，却偏偏不去过那种生活。为什么不呢？因为我们都过分重视意识的重要性，因此便以"自我意识"为生活的中心了。

一位仍无社会适应力、仍无成就可言的年轻人最好是尽量去发挥他的自我意识——换言之，即以培育其意志为上策。除非他是一位天才，否则他就不需要去相信还有其他与其意志不相干的东西在他内部。他应该自信是位有极大意志力的人，大可把自己的其他杂念摒除、贬低其重要性，或使它们都受其意志左右——因为如果他缺少这样的想法，他将无法适应于社会。

对于那些年纪已到了人生后段的人，我们便不需再去培育其自我意识和意志力了，那些已经领会出个人生活意义的人应该学习去了解自己的内在本质。虽说并非不需要，然而他们已不再渴望去求功名利禄了。由于他们十分清楚他们的创造力对于社会的价值已不重要，于是乎便开始利用其创造力开创自己的前途，为自己谋福利了。这也能帮助他们慢慢摆脱对他人的病态性依赖，如此一来，他们便会开始对自己产生自信。而这些成就反而更能使得病人在社会生活中向前迈进。因为一位具有自信心、心理健全的人当然要比一位无法和其无意识妥协、和善相处的人更容易立足于社会中。

我行文的风格是避免偏重于理论叙述，因此，难免有许多地方仍然显得晦涩，令人费解。可是为了要了解一幅病人作成的画，某些理论上的叙述自然不可避免。这些图画的共同特色，即线条与色彩两者都很显然会有原始符号的象征意味。色彩通过浓度体现表现力度，蕴含浓厚的传统在内。根据这些特色，我们便不难了解这些图画表现的创造性力量。从它们之中所带有的那种人类进化中的非理性、象征性及古老性等特征中，我们便很明显地觉察出它们和考古学、比较宗教学之间的相似性。因此，我们可大胆假设，这些画的来源是从精神生活领域所谓的集体无意识产生出来的。我的意思是，人类所共有的一种无意识心理活动，它不但是这些画的本源，同时亦是与此相似的过去一切作品的渊源。这些画来自——亦满足了——一种本性的需求。经由这些画，我们可找出那融汇于古今的心理，而由此，我们亦把今日意识不良的影响力降低了。

当然，我仍须说明一点，病人的工作并不止于绘画而已，他该就理智与感情两方面去了解它们；这些作品该是在意识控制下的、可理解的、合乎伦理道德原则。我们需要做一番解析的工作。可是我虽然亦常拿个别的病人来实验此方法，至今我仍然未能将解析的工作做得十分彻底，而且亦仍无法将我的成果公之于世，因为它们仍然还是零零碎碎。

事实上，现在我们正进入一个全新的层面，经验的成熟是我们首先需要的。因为许多重要的理由，我想避免遽下断语。我们目前所研究的是意识以外的心理生活，而我们的一切观察叙述方法是间接的。目前对于将到达怎样的深度问题，我们仍然无法猜测。就像我所说的，这似乎是某种集中的过程，因为有许多的画对于病人具有极大的价值。那些画为他们带来了新的平衡，而且似乎已令他们慢慢走向正常化的轨道上去了。此一过程的目的是什么也许刚开始时还不太明显。我们只能先谈谈它对意识人格所产生的重要影响。这种影响所引起的变化，使病人的生命欲望提高了，生命之流恢复正常了，我们可就此断定，其中必有一个很特殊的目的。也许我们可称之为一种新的幻象——然而何谓幻象？我们凭什么称某物为幻象呢？到底心理中有无所谓的幻象存在呢？这种我们所谓的幻象也许就心理而言，便是生命的基本构成要素之一——就像氧对于有机体的重要性一样——是一种占有极大分量的心理事实。如果我们无法依据现成的分类法把心理加以分类的话，那么，我们最好是这样下结论："一切可产生作用的东西都是真实的。"

要探讨心理，我们原不该将之和意识混为一谈，否则，我们是会功亏一篑的。相反，要认识心理为何物，我们势必要懂得辨别心理与意识的方法。我们称为幻象的东西，也许就心理而言，乃是最真实的东西；千万不可把心理真实与意识真实混为一谈。就一位心理学家而言，世界上最愚不可及的人莫过于一位称可怜的异教徒所信仰的神是幻象的牧师了。可是，很不幸地，我们也犯有同样武断的错误，仿佛我们所谓的真实便没有所谓的幻象成分在内。在心理生活中，正如我们生活中的其他经验，凡是真实会产生作用者便是真实的，不论人们想为之加上一个怎么样的名称，了解其真实性便是我们最重要的工作，而名称并不重要。就心理而言，精神即使被称为性欲，它仍然无疑还是精神。

我必须重复说明一点，即过去大家所使用的术语及玩过的把戏根本从未涉及上述作用的本质问题。和人生一样，它并非只凭意识的理性观念就可明了的东西。由于我的病人都已实际感到此一真理的力量，因此他们才去寻求象征手法把内心表现出来。于描绘、解析此象征物时，他们感受到某种远比理性解说法更有效、更适应其需要的东西。

心理学的类型理论

性格乃是人类固定的个别形式。既然有所谓的身体与行为或心理形式的分别，那么性格学就应该为我们说明，如何去分别了解身体与心理的特色。一个活生生的人所具有的多面性使人下结论说，身体的特征并不仅止于身体而已，心理的特征亦非仅止于心理而已。自然本有的连续性，并不知道人类为了增进理解，而发明出了对偶区分法。

心理与身体的区分乃是一项不自然的二分法，是一种与其说是以事物本性为根据的分法，不如说是以智力领悟特点为根据的识别法较妥帖些。事实上，由于身体与心理的特征是那么错综复杂，我们不但可根据身体构造进而推知心理的构造，而且我们亦可凭借心理的特征推知身体的特征。说起来后者的推断程序较难些；这倒不是由于身体对心理的影响力比心理对身体的影响力更大，而是由于其他的原因。以心理为研究的出发点就等于是从无知步向已知；相反地，如果反过头来，我们便可利用所知的有形身体做出发点。不论今日的心理学已有多少成就，对我们而言，心理比起有形的身体仍然要显得晦涩多了。心理仍然是个陌生的、我们知道得很有限的、未经探险过的领域，受意识功能的限制很大，而意识功能又是最易受骗的部分。

　　既然如此，我们最好还是采取由外而内、由已知步向未知、由身体迈向心理的方法。因此，所有性格学的探索一向都是由外而内的；古代的占星学求助于星空以探知决定人类命运的线索。同样采取由外而内之法的还有手相术、加尔①的颅相学，拉瓦特尔②的观相术，以及最近代的笔迹学，克雷奇默③从

---

① 弗朗茨·约瑟夫·加尔（Franz Joseph Gall，1758—1828），系德国解剖学家、颅相学的创始者。他毕生从事于肉体与灵魂之关系的研究。由于当时欧洲盛行着从人的外体形象去判断性格或脾气的风气，加尔后来便渐渐发展出一套颅相学。——译者

② 约翰·卡斯帕·拉瓦特尔（Johann Kaspar Lavater，1741—1801），瑞士诗人、神学家、神秘学家、观相学家。生于苏黎世城。其观相术的著作《论利用相面术促进对人的认识和人类之爱》在法、英、德三国都备受推崇。诗人歌德还特别写了一篇赞赏他的文章。——译者

③ 恩斯特·克雷奇默（Ernst Kretschmer，1888—1964），德国精神病学家及心理学家。由于其父亲（深奥的思想家，性情严肃）及母亲（敏感、幽默、有艺术天分、活泼）在个性上的极端差异，为他种下了其名著《体格和性格》一书的种子。——译者

生理学研究性格形态和罗夏赫的墨迹测验法等。据我们了解，此外仍有许多由外而内、由身体而心理的路可走，因此研究所应遵循的方向应是由此出发，直到我们对心理已有确定的了解。一旦拥有了某种程度的了解，我们就可变换方向了。我们会疑问：一个特定的心理状况，其与身体特征有何相关性？不幸的是，我们现在仍未进步到可粗略回答这个问题的阶段。第一步，我们必须先了解心理生活的真相，这是目前仍未达成的目标。实际上，我们才刚刚开始在整理有关心理的组成部分，而且并不见得总是成功的！

只凭知道某人有这种或那种现象，无法让我们推知其与心理的相关性。只有当我们可根据一个特定的身体构造而推断出相应的心理特征，才能算是稍有成就。无心理的身体与无身体的心理对我们都同样无用。当我们想凭借身体的特征去推知心理的相关性时，我们便是——如上所述——从已知步向未知了。

但我们必须强调一点，即心理学是一切科学中最年轻的，而且亦是所有科学中最具有先入之见的。就一直到最近才发现心理学这一事实看来，显然我们必须花费如此多时间，才能将我们自己和我们的心理区分清楚。除非此一工作得以实现，否则要很客观地研究心理是不可能的。心理学也是自然科学，确是我们最新的成果；直到最近，它还是和中古时代的自然科学一样，非常武断而且充满奇想。因此，有人认为，心理学可根据经验材料来总结，就像存在注定的形式——这是眼下我们仍然犯有的偏见。然而，精神生活本是离我们最近的，我们似乎也应对它了解最透彻才对。它已接近到令我们生厌的地步。对于这些家常便饭的东西我们是如此感到惊奇；其实是因为我们不愿忍受它的如此靠近，所以尽量想避免去想到它。因此，由于心理本身和我们极为接近，而且由于我们本身便是心理，所以我们几乎强迫自己去假设已经对它了解得十分彻底了。这便是为什么我们对心理学都各持己见，而且深信自己比别人懂得更多的缘故。精神科医生由于需要和自以为是的病人们的家人及监护人整日周旋，也许是首先发现许多人都自以为是心理学权威的人。可是这并未能使得这些精神科医生们本人免去犯自以为是"万能先生"的错。其中有个人甚至于这样声称："这城里只有两个正常人——另一位是 B 教授。"

　　既然今日心理学的情况如此，我们就必须承认，最靠近我们的恰是我们了解得最少的，虽看起来算是知之最详者。而且我们还必须承认，也许其他人了解我们的比我们了解自己的部分更多。某种程度上，作为出发点，这应是研究此学问最有用的原则。正如我上面提过，因为心理最靠近我们，所以我们这么晚才发现了心理学。由于它仍然是门初级的科学，缺少可帮我们去了解其真相的概念或定义。但我们缺少概念吗？其实并不是；相反，我们被概念包围着——几乎是被埋没。这一点完全不同于一般其他科学事实总是首先被发现的。它们一般都是把第一手资料加以分类，然后导出许多自然现象的描述性理论，例如，化学把许多元素加以分组，生物学中的分类等也是如此。可是心理的情况则不然。我们的体验与描述性的观点使我们仍然要受主观经验不假思索的牵制，因此，在众多印象中有一个包容广泛的概念出现时，也可能只不过是个现象而已。因为我们本身是心理，因此几乎不可能自由自在地驾驭心理活动而不至于陷入泥淖中，这样识别力与比较力就都被剥夺了。

　　这是难题之一。另一个难题在于，当我们越远离明确的现象而深入处理那无边无际的心理时，我们越无法进行精确的测量。要把握住事实的真相实际上已是一件很难的工作。举例说，如果我要强调某物的不真实，我会说，我只是想想而已。我说："在某事发生前，我从未这样想过，而且也没这样的思路。"像这一类的话很平常，这说明一点，即心理事实是多么难以测量，或就主观方面而言，是多么令人费解——然而，它本和历史事件一样客观、一样实在。事实是我确实有此想法，不管存在何种条件或限制。然而，有好多人为了达成这种显而易见的自白还得费尽九牛二虎之力，有时甚至于还要和道德作一番搏斗。上述这些便是当我们经由外在表现去研究心理真相时所可能碰到的难题。

目前我缩小工作范围，不去做外在特征的临床的判断，而是把能从其中得到的心理资料加以研究、调查与分类，此项工作开始的成果是给心理做一个描述性的研究，根据此项成就我们便可导出有关其结构的理论。应用这些理论积累经验，我们最终便能发展出一套不同心理类型的观念了。

临床研究根据症状的描述，然后再从这一步发展到对心理的描述性研究；这一过程和纯粹从症状病理学步向细胞与新陈代谢的病理学极为相似。换句话说，描述性的心理研究法已使我们发现那些导致临床病征的心理过程。大家都知道，这种知识是运用分析法所得到的结果。今天，我们已经大体了解那些产生心理症状的心理过程，因为我们描述性的心理研究法已进步到可使我们对复杂情结进行诊断了。不论在心灵的深处会有什么难以预测的事发生——有关这问题的看法相当多——有一件事是确定的：最主要的是，所谓的情结（受情绪所左右的内容，本身具有相当的自主性）在此扮演相当重要的角色。"自主情结"（autonomous complex）一词有许多人反对，但据我看来，这些反对的意见并不成立。活跃的无意识内容的行为方式，除了用"自主"来描述外，我实在找不到更适当的形容词。此一形容词乃是用来说明，情结会抵抗意识的意图，自己随心所欲地出没。根据我们所了解的，情结是意识所无法控制的心理内涵。它们和意识分裂，单独存在于无意识之中，随时随地准备去抵抗或强化意识层面的意图。

经我们进一步对情结进行研究，很自然地涉及其来源问题，有关此问题，目前也有许多不同的看法。撇开理论不谈，经验已告诉我们，情结中永远有某种冲突存在——不是冲突的原因，便是冲突的结果。总之，冲突的那些特征——即受惊、骚乱、心理痛苦、内在挣扎——都是情结独具的特征，法文称之为"黑色的禽兽"（bêtes noires），我们则称之为"柜子里的骷髅"（skeletons in the cupboard）。那都是些我们不愿记起，更不愿被他人提起，可是却常很不受欢迎出现的东西。通常都是记忆、愿望、恐惧、责任、需要或看法，是我们不愿意识到的东西。它们不时企图要干涉、扰乱我们的意识生活，为我们带来不少害处。

广义而言，情结显然是代表着一种自卑感——对于此一说法，我必须马上加以说明：即情结的存在并不一定指的是自卑感。其含义乃指存在着某种难以应付、不易解决、发生冲突的东西——也许是种障碍，不过同时也是种激发人向上的刺激物，换言之，可能会导向新的成功的东西。因此，情结可说是我们精神生活中想去处理的焦点或关键点。其实，那是不可或缺的东西，否则的话，心理活动会达到一个致命的静止。然而情结所指的是每个人无法解决的难题、曾遭受过的挫折，至少就目前而言，可能是他无法逃避或克服的东西——即通常所谓的弱点所在。

如果就这些特征看来，情结的起源可以说已真相大白。很显然，它是源自一种适应的要求与个人能力无法应付之间的冲突。就此而论，情结乃是一种可帮助我们诊断个人气质的病状。

经验告诉我们，情结极为复杂多变，可是经详细比较，揭示了少数典型的基本形式，其来源全都是孩童时代的最初经验。这是很自然的事，因为个人的气质在孩童时代已成形，它是与生俱来的，非后天产物。因此，双亲情结也只不过是种个人能力无法适应社会现实要求的冲突表现。最初形式的情结只可能是双亲情结，因为双亲是小孩子与之发生冲突的第一个现实。

因此，双亲情结的存在无法对于我们了解个人特殊气质方面给予多少帮助。实际经验告诉我们，事情的难点并非在于双亲情结的存在，而是在于双亲情结在个人生活中慢慢发生作用的特殊方法。有关此一问题，我们已有许多惊人的发现，不过也只有少部分的来源可归于双亲影响。有好几个小孩受到像这样相同的影响，可是反应却因人而异。

我特别注意到这些反应的不同，因为我认为，就是这些东西才构成每个人都有可被辨别的特殊气质。同在一个患有神经症的家庭中，为什么一个小孩患有歇斯底里神经症，另一个则患了强迫神经症，第三个患精神分裂，第四个则毫无异常呢？这种"因人而异的神经症"，弗洛伊德也碰到过，它使所谓的双亲情结顿时失去了其所有的病因含义，而且也自然地把疑点转移到被影响的个人及其特殊气质上。

虽说我个人对于弗洛伊德就此一问题的解答非常不满意，可是我自己也没有更好的答案。实际上，我倒觉得，现在还不是提出"因人而异的神经症"这一问题的时候。在开始谈及此一难题之前，我们应该对于个人反应设法多加了解。问题在于：一个人对一个阻碍的反应为何？譬如说，我们来到了一条没桥的河边，河宽难以跨过，我们须用力跳才过得去。为达到此目的，我们有个极复杂的所谓效果系统，即心理动力系统。我们已充分准备妥当，只要稍一启动即可。然而在此之前，会有种纯属心理性质的现象产生，即我们决定要怎么办。接着便是解决问题的行动方法，而方法是因人而异的。可是，最重要的是，我们很少会将之视为与人格有关的事件，因为我们通常都无法看清自己，至多是最后才看清自己。换言之，我们有可受自己支配的心理动力工具，也有可供自己用于作决定的心理素材，它的作用大部分也是基于习惯，因此常是无意识的。

有关心理素材的构成，大家看法莫衷一是。不过，大家都同意，每个人有其作决定与应付难题的方法。有人会说，他跳过那条小河纯粹是为了乐趣；另外一个人会说，除此之外，他别无选择；第三个人则说，每个他所遭遇的难题都可激励他去克服；第四个人会说，他之所以不跳过那条河，是因为他不喜欢徒劳无功的尝试；第五个人又说，他不跳的原因是，他觉得并没有到彼岸的需要。

我故意举出这一通俗的例子，目的是要说明，这些动机看起来是多么不相干。事实上，这些都是无关紧要的理由，我们最好不去管它，而是应用我们的解释法。上述这些不同的方式便是使我们能更彻底地了解每个人心理适应系统的凭据。要是我们尝试去研究那个动机基于快感的人，我们一定会发现，大部分的情况他之所以干这干那都是因为这些东西都能给予他快感。我们将发觉，那个无计可施的人一定是一个生活谨慎，但常不得已被迫做这做那的人。在这几个情况中，我们知道，每个人都随时随地存在作决定时可马上派上用场的特殊心理系统。我们可以想象，这些态度的数目一定是大量的。其中特殊形式的数目和水晶体一样，虽然式样繁多，但仍可归于某类。既然水晶体可分成几种共同的基本式样，那么每个人的态度也同样具有某些基本的特征，基于此我们亦同样可将之分门别类。

　　自古以来就有将人分成许多不同类型的尝试，以达到化繁为简的目的。我们所知最古老的一种是由东方的星相学者提出的所谓的四元素（the four elements），风、水、土和火。风宫组按其出现在星相图中的位置由黄道十二宫中属"风"的三宫组成，即宝瓶宫（Aquarius）、双子宫（Gemini）、天秤宫（Libra）；火宫组则由白羊宫（Aries）、狮子宫（Leo）及人马宫（Sagittarius）组成。根据此一古老的看法，凡是诞生于这些宫内的人一定都赋有风性或火性，而且会显示出相同的气质和命运。这一古老的宇宙图表便是古代心理类型理论的始祖，而且四种气质也和人体中的四种体液相呼应。首先应用黄道十二宫所代表的那些东西，后来由希腊人在医学中根据生理学的术语把它们分成黏液型（phlegmatic）、多血型（sanguine）、胆汁型（choleric）及抑郁型（melancholic）四种类型。这些只不过是用来表达人身体内部假设的体液的名称而已。大家都知道，这种分类法持续了有十七个世纪之久。至于星相学上的类型理论则令人大感意外地至今仍然存在，甚至成为新的时尚。

这一历史性的回顾使我们对一件事觉得安心，即我们现在要创立类型理论的努力并非是创新或史无前例的，即使科学的意识不允许我们把那些处理问题的古老、本能式的方法重新搬出来亮相，但我们仍该为此问题寻出一个自己的答案——一个符合科学要求的答案。

于此我们遭遇了类型问题的最大难题——即标准或准则的问题。星相学的准则很简单，它所根据的是星座。至于人的个性元素可归于黄道十二宫及行星的说法，是一个可上溯至遥远的史前史，至今仍然无法作答的悬案。希腊人根据生理气质的四分法所拟定的标准，全以个人的外表及行为为主，其情况正和今天的现代生理学类型相同。可是哪里才能找到一项心理学的类型理论准则呢？且让我们再回到上面已提过的跨越小河的例子吧！如何，或根据哪一种看法，我们才能把他们的习惯动机分门别类呢？一位是基于快感，另一位是因为如果不做便会更麻烦，第三位不这样做是因为他有另外的想法，等等。可能性的清单似乎可以开个没完，又几乎毫无用处。

我不知道别人会怎样去处理这一工作。我只能告诉你我怎样去研究它的，我也做好接受他人责备的准备，说我解决问题的方法纯粹是出于个人偏见。实际上，这一异议是有其道理的。我自己也不知怎么应对。也许，我可举出哥伦布来作为说明的例子：他凭其错误的主观假设，选取一条现代人绝不循行的航线，却发现了美洲。不管我们看到什么，不论我们怎么看，我们都要通过自己的眼睛。因此，一门科学一定不可能是一个人独创出来的，而是集合许多人力量的成果。个人只能提供贡献，就此意义而言，我才敢大胆地把个人的看法提出来。

由于职业的关系，我常迫不得已地要注意到许多个人的癖好。为此，我常须订下一套规矩，就和我多年来治疗无数对夫妻时一样，每当欲使他两人互求谅解时更需如此。例如，不知有多少次我不得不说："嘿！尊夫人是个外向性格的人，你怎么可能期望她整天只呆在家中忙家务呢？"这便是类型理论的开端，一项根据统计的真理：有被动消极者及主动积极者。可是这一陈腔烂调令我不满足。因为，我发现有些人性喜沉思，有些人则并非如此，据我个人观察的结果，那些看似被动消极者并不真正那么被动，只是较喜欢事先计划而已。他们是先思而后行者，由于有了此一习惯，他们丧失了一些需要立即行动的良机，于是便被称为所谓的被动消极者。我认为那些无深谋远虑的人都是一些事先毫不考虑就轻举妄动的人，他们早已陷入泥淖且后悔不及了，就因为这样，他们才被称为无深谋远虑者，这种称法比起说"积极"（active）要合适多了。三思而行在某些场合是非常重要的行事原则，这和在某些场合须不假思索便勇往直前的道理是一样的。然而，我发觉，踌躇不前的前者不一定是深思熟虑的人，而轻举妄动的后者也不一定是缺少远见的人。前者的踌躇通常都是起于其习惯性的胆怯，或至少他们感到将要担当起重责大任，因而就退缩不前；而相反，行动积极者通常都是因为他对一件事有极高的自信心。根据这一观察，我对这种明显的差异下了如此的结论：有些人当面对一件事时，其反应总是像说了一句无声的"不"字，总要稍微踌躇一下，等到想出了办法后才去采取行动；另外有些人于同一情况下则马上采取行动，表现出对自己行为的正确性有极大的自信。因此，前者和事件的关系是否定性的，而后者则是肯定性的。

大家都知道，前者和所谓的内倾性格者相称，后者和外倾性格者相符合。可是这两个概念，和莫里哀常于其散文中所用的"布尔乔亚绅士"（bourgeois gentilhomme）两字一样空洞。只有当我们发现到所有此类型的特征时，这些差异类型才可能显出其意义与价值来。

一个人不可能在每方面都是绝对的内倾或外倾。所谓"内倾"其含义乃指，一切发生于一位内倾者身上的心理现象都是内倾性的。同样的道理，当我们说某人外倾时，如同我们说他身高六英尺，或称他头发是棕色的，或说他头壳宽而小——除掉其表面的意义外，这些话并没说明什么；可是"外倾"一词，其意义就深多了，指一位外倾者其意识与无意识都具有某些明确的性质；他的日常行为，他与人之关系，甚至是他的一生，都有某种典型的特征。

不论内倾或外倾，就其为一种典型的态度而言，皆属于一种控制一切心理的活动，一种确立习惯性反应的重要倾向。因此，它不但可决定行为的方式，而且也影响到主观经验的性质。此外，它亦把我们可能发觉的无意识补偿行为显示出来。

既然习惯性反应的原因已明确，我们便可算是已触及问题的核心了，因为这些习惯性反应不但一方面支配表现出来的行为，而且另一方面也塑造特殊的经验。某一类的行为导出了某一类的结果，而当事人了解的结果又带来了某些影响行为的经验，如此才算是完成个人命运的循环。

虽说凭借习惯性的反应，我们已经解决了一项重大的问题，可是仍然有个微妙问题存在，不论我们是否已经充分为其定义，即使是那些精通于此领域的人亦难免有不同的看法。在我论及有关类型的书里（即一九二三年由纽约哈考特·布雷斯出版社出版的《心理类型》一书），我曾搜集了许多可支持我看法的证据，可是在书中我交代得很清楚，我并没有要求大家视之为唯一的真理或最站得住脚的类型理论。该书的内容只把理论加以简单的叙述，谈及内倾与外倾的不同；然而简易的道理很不幸地常是最易值得怀疑的东西。常常掩盖许多复杂的问题，容易掩人耳目。这是我的经验谈，因为我刚刚把自己的最初准则说明付印成书时，即很伤心地发现，不知不觉间我已受骗了，仿佛是发生了不对劲的事一样。我用太简单的方式说了太多，就像一般人在刚刚有个新发现的狂喜时那样。

最令我感到惊讶的是，把人分成内倾与外倾的划分法无法把人与人之间的差别完全包含在内。由于其间还有数不尽的类别，因此我不得不怀疑自己最初看法的正确性。自此之后，我花费了将近十年的工夫才总算把其间的疑点加以澄清。

有关每一类中仍有无数的差异存在这个问题，把我拖入了许久以来一直都难以克服的漩涡中。要观察与识别其间的差异并不难，我的难题一直以来都是涉及准则问题。怎么样才有办法为那些特殊的差异找到适合的术语呢？于此，我才第一次充分了解到心理学到底是怎样一个未成熟的东西，它仍旧处于各家各派各执其是的状况下，其中较出色的部分只是一些独立的、卓越的或博学的学者，在他们的研究室和诊断室所研究出来的成果。为了敬业起见，我特地去谒见研究女人、中国人以及澳大利亚黑人心理的心理学教授。因为我认为，我们的心理学必须涵盖各种生命形态，否则我们将仍然停滞于中古时期，不能向前推进。

我发现想要在当代心理学的一片混乱中找出一个理想准则的希望实在太渺茫了。第一条准则是——当然不一定尽善尽美——利用在心理学史中不可能忽略、由许多学者所完成的宝贵成果。

在短短的一篇文章里，我无法一一详论那些有助于我选择心理功能准则划分法的各个不同的研究。我只希望就我一个人所能领会到的部分加以述说。我们须知，一位内倾者并不只是在面对一件事时后退或踌躇而已，他的踌躇方法非常特殊。而且也不见得每个内倾者的行为都是一样，每个人都有他们的独特方法。正如狮子通常利用作为其力量之源的前爪，而不像鳄鱼利用尾巴去制服敌人或猎物的道理是一样的，人的习惯性反应的特点通常亦是运用其最可靠或最有效的功能，那便是我们力量的表现。可是，这并不是说，我们永远不会暴露出弱点。由于某种功能特别优越，我们便忽略其他功能而全心全力去发挥那一种功能，于是便出现了和他人不同的特殊经验。一个聪明的人利用他的智力而不是利用不入流的拳术去适应社会，虽说偶尔一时气愤他亦会应用他的拳头。在生存与适应的竞争中，每个人都本能地运用他最佳的功能，这便是其习惯性反应的准则。

　　现在问题是，我们怎么可能把所有这些功能归纳成一些概念，以便在这一片纷乱中清晰地加以辨认呢？在社会上，像这一类的分类法早就有了，我们有诸如士、农、工、商等的职业划分法。可是这种分类法和心理学无关，正如一位有名的学者曾很恶意地说过的话："有许多学者只能算是知识的苦力而已。"

　　类型理论要比这更微妙。譬如说，我们不可只依智力的高下来划分，因为此种划分法显然是太笼统、太模糊的概念。几乎凡是行得通的、可迅速产生效用而达成目标的行为都可算是聪明的。就像笨拙一样，智力并非是种功能，而是种形态；这几个字只告诉我们它如何发挥作用。在道德与美学原则方面，其道理亦是如此。我们应该明确的是，在个人习惯性反应中最占优势的究竟是哪种功能。于此，我们不得不采用那乍看和古老的十八世纪学院派心理学很相似的东西；然而在实际上，我们只愿运用人人可理解和接受的日常口语来解释这一理论。例如，当我说"思考"时，大概只有哲学家会听不懂我的意思到底何在；平常人一定会知道我的意思。我们每天用这个词，几乎都有其不变的含义，但如果你突然要一个人为"思考"下个明确的定义时，他也许会不知所措。而当我们谈及"记忆"或

"感觉"两个词时，其道理也是一样。不论用科学的方法为此类的观念下定义并且使之成为心理学上的概念有多难，它们在日常的口语中却都是些很容易令人了解的东西。语言是由经验得来的意象的存储仓，太抽象的概念站不住脚，甚少与现实接触的概念则很快就消失掉了。可是由于思想与感觉是那么无可置疑的真实，因此几乎每种超越原始水平的语言一定都具有表达这些东西的精确词句。因此，我们可确知，这些表达的词句一定与那些极固定的心理事实是相对应的，不论这些复杂的事实有什么科学的定义存在。例如，大家都知道"意识"是什么，而且也无人会怀疑这一概念表达了一种明确的心理条件，虽说科学至今还是无法将其很令人满意地定义出来。

因此，我用日常口语的概念构建在心理功能方面的理论，并把它们作为判断态度类型相同的人彼此之间的差异。例如，我先谈一下思考用到的即是其一般性的意义，因为我对于有很多人比起其他的人想得更多，而且于作重要决定时更看重他们的思想这一现象甚感诧异。他们甚至还应用思考去了解和适应社会，就是发生天大的事他们还是完全凭借其思考来作决定，或至少总是根据其思考而推敲出行事的标准原则。另外有一种人则忽略了他们的思考，完全以其情绪因素的感觉为依据，他们一成不变地按照他们的感觉获得策略，除非万不得已才肯去进行思考。这种人当然和前者截然不同，当作为商业上的伙伴或两个完全不同类型却结合在一起的婚姻对象时，其差异尤其显著。因此，有些人的性格不论内倾或外倾，都喜好思考，只不过是他运用的方法具有他自己的倾向与类型的特征而已。

然而，就某种功能更占优而言，也是无法解释其间所有差异的。我所谓的思考与情感两类型所包括的两种人，其间所具有的共通性，除了用"理性"一词外，我也无法作更进一步的说明。大家都知道，思考基本上是一种理性的行为，可是一谈及感觉时，有几个要点我在此并不是想置之不理；相反地，老实说，有关这一概念的问题，我已经耗尽脑力了。为了避免让此文充斥太多有关此观念的定义，我的讨论范围将只局限于自己的看法。问题的主要难处在于，"感觉"一字常可应用到许多不同的方面，尤其在德文中更是如此，而在英文、法文中亦不少。因此，首先我们必须要把"感觉"与"感知"两概念分清楚，后者亦包含了感觉发生的过程。此外，我们也要认知，惋惜的"感觉"与觉得天气可能会有变化或铝矿股票的价格会上涨的"感觉"是不一样的。因此，我想采用该词的第一种含义，而把——就其心理学的术语而言——其他两种含义放在一边。当涉及感觉器官时，我们就该运用"感知"（sensation），而倘若我们要谈论那无法直接探索出意识感知经验的知觉（perception）

时，则以运用"直觉"（intuition）一词为妥。因此，我等于是把感觉解释为一种经由意识感知过程的知觉，而直觉则为经由无意识内容及其组合而达成的知觉。

显然，到底哪一个定义才适合的问题一定辩到世界末日也辩不完，而讨论到最后却只涉及名词本身而已。这很像是在争论到底称一只动物为美洲豹好还是野狮好的问题一样，其实要紧的是去了解到底什么才是我们要如此称呼的东西。心理学仍是个未经开采的研究园地，其特殊的习惯语首先该有个规定。温度有列氏（Reaumur）、摄氏（Celsius）或华氏（Fahrenheit）三种量法，这是众所周知的，然而我们必须首先说明到底是用哪一个。

显然，我是把感觉本身当做一种功能看待，把它区别于感知和直觉。凡是将后两者和狭义的感觉混为一谈的人，一定不可能承认情感是具有理性的。要是后两者与情感区分开来，很显然，感觉有价值及感觉正确性——即我们的感觉——不但是有理性的，而且也和思考一样地具有鉴别力、逻辑性及连贯性。这种说法对于一个思考型的人而言也许有点怪，可是当我们发现，一个具有特别思考能力的人，其感觉功能都较不发达、较原始，因此也就易与其他的功能，如一些非理性、非逻辑、无判断力的功能——即所谓的感知与直觉功能——混杂时，我们就不以为怪了。感知与直觉原本是与理性功能相对的东西。当我们思考时，其目的无非是要判断或要作结论；当我们产生感觉时，其目的无非是要为某物赋予一个适当的价值；另一方面，感知与直觉则是有知觉到（perceptive）的东西——使我们知道发生了什么事，却不去解说或评价它。它们并不以原则为根据而发生作用，而是只接收所发生的一切。可是"所发生的"只是自然的，当然是非理性的。我们找不到推论法来证明为什么要有那么多的行星，或为什么有那么多种热血动物。思考与感觉万万缺不了理性——可是理性也需要感知与直觉来完善。

所以有很多的人，其习惯性反应是非理性的，因为他们都主要以感知或直觉为依据。不过我们无法同时以两者为依据，因为感知和直觉正如思考和感觉一样是死对头。当我尝试要用眼睛和耳朵去确定到底真正发生了什么事时，我当然无法同时诉诸梦或幻想。既然直觉型的人目的是要让其无意识充分发挥行动的自由，那么，显然感知型的人一定和直觉型的人截然不同了。很遗憾，我在此无法把属于非理性类型中内倾与外倾两型所具有的有趣差异提出来讨论。

不过，我倒喜欢再谈及当我们的倾向已固定时，对其他功能常产生的影响问题。大家知道，人无法求得十全十美；他想发展某种品质时要以其他的为代价，最后无法达到完美的境界。可是那些不由练习获得以及不常用于日常生活的功能会是什么情况呢？这些通常都会多多少少停留在原始与婴儿状态，通常都会处于半意识，甚至完全无意识状态下。这些相对未曾发展的功能处在一种特殊的劣等地位，当然也是一个人性格的主要部分。凡是偏向思考一方的，其感觉的功能必定较差，同时迥然不同的感知与直觉亦势不两立。一种功能是否已充分发展，可很简单地根据其效力、稳定性、坚定性、可靠性及其适应性判断出来。然而较不发达的功能则常很不容易被觉察出来或解释清楚。一个明显的判定法，即如果我们常会在这一方面缺乏自信，常要依赖他人或环境；更进一步，它会让我们产生情绪与过分的敏感性，不可靠、不明确，或常常容易受他人建议等情况都是。事实上，因为我们本身就是这种不充分发展功能的牺牲品，因而我们在利用它时，也就老是处于不利地位。

由于在此我只限于描述一种心理学类型理论的基本观念，很遗憾无法根据这一理论将个人的特点及行为做很详细的描述。目前我在这方面的全部研究成果，也只有我上面提过的内倾与外倾两种一般性类型态度可呈现给读者作参考。除此而外，我亦研究出一种根据思考、感觉、感知、直觉等功能的四分法。这些功能因其一般性的态度有别，因此又产生了八种变体。曾经有人以责备的语气质问我，为什么要将之分为四种，既不多也不少呢？其实分成四种是根据实验而来的。然而正如下文将说明的，分成四种某种意义上是足够了。感知告诉我们有什么东西，思考使我们知道其意义，感觉告诉我们其价值，而直觉则指出事情的可能发展变化。这样一来，我们亦可按照地理上标经纬度的方法调节我们自己去适应目前的世界。四种功能仿佛是罗盘针上的四个点，其划分法是确定的、不可缺的。没有什么理由阻止我们变动其方向与度数，而且我们亦有为之加上不同名称的自由，因为这只是个习惯和理解的问题而已。

可是我必须承认一个事实：在我的心理学研究旅程中是绝对不会放弃这一罗盘的。这并不只是为了一项明显而且人人俱有的原因，即每个人都很爱惜自己的观念。我之所以珍惜我的类型理论是有客观理由的，那就是其比较法与修正法的体系，使一种长期缺乏的、严格意义的心理学成为可能。

人生的各阶段

要讨论人生发展各个阶段的问题的确是一件相当费力的工作，因为我们势必要把自出生至死亡全过程的精神生活画面全部展开。在这短短的篇幅里，我们只能就其梗概大略叙述，而且读者也需了解，各阶段中的正常心理现象我们是不拟加以描绘的。我们宁可只大略地论及几个"问题"，即那些较困难的、可疑的或含混的问题，只谈及那些可能有不止一种答案的问题，及那些答案具有可疑性的问题。在这些问题中有很多我们需在脑海中打上问号。而且——更糟糕的是——有些部分我们需先去信服，有时甚至要应用一点幻想力。

如果心理生活具有确定的轨迹——原始的层面确实如此——我们可完全凭纯粹经验而感满足。可是今天的文明人，其心理生活是充满问题的，我们不得不用"问题"这个概念来讨论。我们的心理过程大致上是思考、怀疑及实验的组合，这些东西对无意识的、直觉的原始人是很陌生的。我们今日有这么多的问题出现，说起来还得归之于意识成长的功劳！这些问题同时亦是可疑的文明的产物。因为人类脱离了本能——有悖于他的本性——意识才应运而生。本性即自然，它所追求的目的是延续自然；相反地，意识却一味只想追求或否定文化。即使遵照卢梭的期望，我们回归自然，自然也早已被我们文明化了。如果我们浸润于无意识状态的自然里，那我们就仍然活在不知问题为何物的本能性的安全中。所有存在于我们心中而仍然属于自然的部分，必皆因问题的来临而瓦解，因为问题的本名便是疑虑，只要疑虑占上风的地方，就可能有不确定及分歧的产生。而一旦有好几种可选择的办法，我们就会渐渐地不受本性的指引，会因此而受恐惧支配。因为此时的意识是会奉命去做自然常为其儿女所做的事——即提供一项确定的、无可置疑的决定。于此我们心中仿佛被一种人人皆有的恐惧感所包围，即认为意识——我们所谓的普罗米修斯式的征服——也许最后已无法履行其作为自然替身的职责了！

因此，问题已迫使我们进入了一个孤立的情况中，被自然遗弃，赶入意识状态中。因为我们已走投无路了，我们被迫诉诸昔日当许多自然事件发生时令人极为信服的决定及解决方法。因此，每一问题的到来皆会扩大意识的范围；另一方面，我们也势必要向那孩子般的无意识及对自然的信服告别。这种需要是一种有相当重要性的心理事实，也是构成基督教象征性教义中最重要的部分之一。那是牺牲了一个自然的人——那位悲剧始于在伊甸园中吞下苹果的无意识而天真的人。《圣经》上有关人之堕落的记载，说明了意识的产生便是一种降临于人的灾祸。因此，我们现在才开始体会出，每一问题迫使我们强化意识，同时亦使我们离无意识的孩童时代乐园越来越远。人都想逃避问题，要是可能，最好是不提及它，甚至去否认其存在。我们希望生活简单、确定而且顺利，因此，问题便成了禁忌。我们觅寻安定，排除疑虑；渴望成果，不要实验——殊不知安定只能经由疑虑才会出现，而成果只能经由实验才能来临。一味逃避问题是无法带来信心的；相反，我们所渴望的安定及清晰，只有更多而且更强的意识才能达到。

　　前面这段绪论似嫌冗长，我却认为，就其为说明我们的题目而言，是有必要的。我们在必须处理问题时，常本能地拒绝走由黑暗与摸索主导的路线。我们祈望获得那些毫无疑问的成果，因而完全忽略了一项事实，即成果只能当我们进入黑暗又折回时才可能获得。然而，为了透视那段黑暗的旅程，我们就得集中一切意识所能提供的启蒙的力量；正如我上面所说的，我们甚至必须应用一点想象力。因为，处理心理生活问题时，我们常会徘徊于众多不同的学科中而无法决定到底应该采信哪一种原理。我们扰乱并且激怒了那些神学家、哲学家、医生、教育家，甚至涉及生物学及历史。这种过分的行为不能归因于我们的傲慢，而该归诸一项事实，即人的心理是许多因素的奇妙综合体，把这些学科变成高不可攀的研究。因为人是从他的内心，凭借其特异禀赋才创造出科学的。这些科学是其心理的外显。

因此，如果我们自问一个无法避免的问题："人为什么和动物完全不同，会产生众多问题？"我们将难免陷入那个几世纪以来成千成万的聪敏头脑所解不开的结。有关这个大问题的论战，我不想继续赘述下去，只想简单地把我为人类尝试回答这一基本问题的贡献呈献给读者作为参考。

没有意识，就没有问题。因此我们得从别的角度去发问：意识是怎样产生的？这是一个没有人能肯定答复的问题，不过我们仍然可经由观察孩童进入意识状态的过程而了解它。每个为人父母者稍微仔细些一定可察觉出来。下面便是我们观察的结果：当小孩认得某物或某人时——当他"认识"一个人或一件东西时——我们即知道这个小孩已有了意识。毫无疑问，这就是为什么在伊甸园中知识之树会生出这么致命果实的原因。

　　然而所谓的认知或知识到底是什么？当我们读到"认知"，即意味着能够将一个新的知觉和一个旧有内容连接起来，但我们不反对新的知觉，而且对旧的内容都有了意识。因此，"认知"乃是以心理内容之间有意识的联系为基础的。我们不可能获得一些互不相关的知识，当然更不可能意识到其存在。因此，我们所能觉察出来的意识的第一阶段，一定是建立在两个或两个以上心理内容之间的关系上的。在此情况下，意识只能算是间歇性的，只限于表现在几件互有关系的东西上，此后便会慢慢地被遗忘。大家都承认，人生的幼年期里是不会有什么连续不断的记忆的；至多只有意识的几个孤岛，看起来就像是在远方的一片黑暗中我们所看到的几盏孤灯或发光物。可是，这些记忆的岛屿和心理内容之间的初期联系是不同的，它们具有更多而且更新的内容。这些内容便是那些构成所谓自我的、很重要的一系列的联系。自我——和初期的内容系统——便是意识中的一种客体，因此，小孩子最初说话时都用第三人称。到后来，当自我内容亦产生出属于自己的力量时（这很可能由于练习而造成的），主观感或"自我"感才产生。显然这该是小孩子开始以第一人称谈论自己的时候了。在此情况下，连续的记忆便开始了。实际上，那便是一种自我记忆中的连续性。

在孩子的意识阶段中仍旧无任何问题出现；孩子无需担当责任，因为他仍旧完全依赖他的双亲。似乎他仍然和未诞生出来一样，仍然被其双亲的心理气氛所包围。精神的诞生及意识里随之而来的自我与双亲之间的明显区别，便伴随着青春期、性生活的介入自然而然地产生了。心理上的变化随同生理上的变化同时到来。因为体质上的各种特征更加强了自我的力量，因此它便毫不保留地、毫无限制地表现自我。通常我们称之为"尴尬的年纪"。

在此段时期还未曾来到之前，个人的心理生活完全受冲动的支配，几乎不会碰到什么问题。甚至于当外在的限制和主观的冲动之间有了冲突时，这些妥协仍然不会使得个体和其自身之间有势不两立的现象发生。他不是屈就于这些冲动之下，便是设法去压服它们，最后的结果与自己依然和谐。他不知一个问题所可能带来的内心紧张情况为何物。这种情况只有当一个外在的限制变为内在的阻碍之后，亦即当一种冲动和另一种冲动起了摩擦之时才会产生。如果要用心理学的术语来说明，我们可以说：这种因一个问题引起的状态——即自己和自己势不两立的状态——当自我内容体系及第二组同等的紧张体系都来临之时才可能产生。这第二组，得益于其能量价值，具有和自我情结相匹敌的功能性含义，我们亦可称之为另外一种自我，或第二种自我，它总是力求把领导权从第一个自我手中抢夺过来。此种现象便促成了它们彼此之间的疏离——此即问题来临的预兆。

如上所述，我们可摘要如下：由辨识或"认知"构成的意识的第一阶段是一种无政府或混乱的状态；第二阶段——即发展的自我情结——是一种君主制或一元化的局面；第三阶段是另外一种向意识推进的步骤，是种对于自己分离状态了如指掌的阶段，这是二元化的局面。

现在我们便可真正开始来谈谈实际的主题，即人生各阶段的问题了。首先，我们先来讨论青年时期，其范围大概从青春期至中年（即三十五至四十岁）为止。

也许有人会问我为什么要从人生的第二阶段开始谈起呢？难道孩童时代不存在相关的困难问题吗？当然，小孩子那复杂的心理生活，对于父母亲、教育家及医生们来讲，确是个最头痛的问题；然而，在常态下，儿童并不会为自己带来真正的问题。只有当一个人长大成人后，才会开始对自己产生疑虑，和自己发生矛盾。

对于青春期问题的来源我们大家都很熟悉。就大多数人而言，由于现实生活的需要才导致孩童时代梦想的破灭。如果一个人有充分的心理准备，也许会很顺利地过渡到事业生涯。可是，如果他的固执与现实有了冲突和错觉，那么问题就会产生。人在踏入生活时都多多少少抱有几分幻想——其实这都是错误的想法。换言之，每个人此时都无法适应他被迫进入的环境。这种情况的形成原因通常是作了太过分的期望，低估了困难，带有不合乎情理的乐观看法，或持有一种否定人生的态度。要把造成早期意识问题的那些错误幻想列举出来，会形成一长串的清单。

不过，并不总是主观的臆测与外在事实发生了冲突才导致问题产生；有时候，这种现象也许是由于内在的心理不安而造成的。甚至当一个人就其外表看来一切都很顺利时也照样会发生。常见的是由于性冲动而引起心理失去平衡而不安的现象；也许是因为难以忍受的敏感产生的自卑感在作祟。像这种内在的痛苦，也许甚至当我们无需费力即可适应世界时亦会存在。甚至表现为，那些需要艰苦地为生活而奋斗的年轻人可免受问题困扰，而那些因某种理由很容易地适应社会的人，却反而要受性或冲突引起的自卑感等问题所累。

那些由于自己的特异气质而带来问题的人通常都是人格障碍者，然而如果把人格障碍和神经症混为一谈的话，那就成了严重的误解。其实两者之间有个显著的区别，人格障碍是因为他没有意识到自己遇到问题才陷入麻烦，而神经症虽没有病态却因意识到自己有问题而受苦。

如果我们尝试把那些较为普遍、关键的因素从每个人青春期所带有的各色各样问题中抽出，我们会发觉一个特殊的现象：人多多少少都想固守孩童时代的意识状态不放——表现出对命运之神的反叛，与周遭一切想要吞灭我们的力量作反抗。我们内部有某种要我们仍然当小孩的力量；希望处于无意识境界中，或至多只想知觉自我的存在就好；希望拒绝一切陌生的东西，或最少也要使它屈服于我们的意志下；希望我们不承担义务，或一味地只图享乐或权力。如此一来，我们已找出了某种惯性：已存在的阶段想固守下去，它要比二元阶段中的意识要更狭小、更自我。因为在后阶段的人生中，一个人便不得不去认识并接受那看来迥然不同而极其怪诞的自身的一部分——发现那些"也是我"。

二元阶段的主要特点便是其生活水平线的扩大——而反抗便是针对它而发的。当然，此一扩大现象——或套用歌德的话，此一扩张（diastole）——早于此就开始了。当小孩子放弃了母亲子宫的狭窄限制，即当小孩出生时就已开始了；此后他（她）便日渐茁壮，到达了当个人因受问题包围，开始要作挣扎的重要转折点。

假如他于此时很容易地就把自己改变成那另外一个陌生的

"也是我"，而且让早期的自我消失的话，那将会有什么样的结果呢？也许我们会认为那是很现实的过程。宗教教育的目的，包括劝人丢弃旧亚当，以及回到原始民族再生祭典的时代等，其目的无非是要把一个人改变成一个新人——将来的人，让旧有的生活方式消灭。

心理学告诉我们，就某种意义而言，心理的东西是没有所谓旧的，也没有真正会消失的。保罗被咬的伤痕也未曾消失掉。凡是想避新就旧或避旧就新的人都会患上神经症。两者唯一的区别不过是其中的一位和过去有了隔离，另一位则是和将来隔离。就原理而言，两者都犯有同样的毛病；他们都同样要逃避到一个极狭窄的意识状态下去求生存。解决办法便在相反的两极中奋发图强，作出回击——在二元阶段中——以建立起一个较广大的、较高一层的意识状态。

倘若在人生的第二阶段中能有此种结果，那是最理想不过了——可是关键正在这里。第一，自然并不在乎意识境界的提高；事实上，它所介意的正好相反。况且社会上的人对于心理智慧的结晶并不太看重，他们所要褒奖的对象是成就而非人格——大部分都在死后才受推崇。因此，一个解决该困难的方法变得非常复杂：我们被迫要限制自己去干那些可实现的事，同时形成自己特殊的态度，因为唯有如此，有才能者才可能受社会的器重。

成就、贡献等都是带领我们逃出混乱局面的理想之物。在扩大和固定我们精神生活的冒险过程中，它们是我们的北极星——它们可协助我们立足于社会中——但却无法引导我们走向所谓文明的更宽阔的意识。在青年时期中，无论如何，这种做法是正常的，从各方面看来，总比在问题纷呈中懵懵懂懂地过日子要好得多。

因此，困难通常都是这样解决的：尽量利用我们过去的经验去适应未来的发展与社会的需要。我们只限制自己去做那些简单易行的事，则把所有其他的潜在能力都抹杀了。某甲没把握住过去的良机，某乙没能把握住未来的良机。每一个人都可能会记得许多曾经的朋友或同学前途很光明、很理想，可是往往多年后再碰面时，却发觉他们已江郎才尽。这些便是上面所举的解决办法的例子。

然而人生较严重的问题总是不能得到充分的解决。要是有一天真的解决了，也许便是某种失去的信号。问题的意义及其目的并非在于解决它，而是在于不断地研究并且加以解决的过程。单凭这一点便足够使我们免于陷入愚蠢及茫然若失的深渊了。限制自己仅去做那些立竿见影的工作的话，青年期的问题似能获得解决；但这种解决只是暂时性的，以较深一层的观点看来绝不能持久。诚然，为了要在社会上崭露头角而不得不改变自己的本性，这或多或少也可看做是对存在的一种适应，不论从何角度看也不能不当做是一种重要的成就。这是一场内心世界与外在世界的奋战，可以比作一场孩子为保卫其自我的保卫战。当然，我们得承认，这场战争大部分是无形的，因为它是在黑暗中进行的；可是当我们发现那些即使年龄已届临中年，但仍然固执于小孩式的幻想、理想和自私习惯的人时，一看便知，这种做法所花费的代价是何等之大。同样，在青年时期引导我们走向生命旅程的许多理想、信念、引导和态度——我们为之抛头颅、洒热血，最后赢得胜利：这些将成为生命的一部分，我们已与它们融为一体，因此我们便很高兴地允许它们永远存在，视之为天经地义的事，如同一个小孩面对世界时不顾一切——有时甚至还虐待自己——来维护其自我的现象。

我们愈近中年，愈容易固守在个人观点与社会地位的圈子内，而且似乎已寻到了该走的人生途径、适当的理想与行为准则。因此，我们便视之为天经地义的事，然后便毫不考虑地固守住不放了。我们忽略了很重要的一点，即在社会上有所成就，便须以收敛我们的个性为代价。许许多多我们须真正去体验的生活经验，都聚集在一间充斥着灰蒙蒙记忆的杂物房里。有时，它们甚至就像是灰烬中那发光的煤屑。

根据统计表显示的情况看来，患有精神忧郁症的男性病人，年龄差不多都是四十岁，而患有神经症的妇女则要比这更年轻一点。我们发现在此生命期中——三十五岁至四十岁之间——人们的心理正酝酿着一项重大的改变。起初改变并不容易被觉察出来，亦不惊人；事实上，那也只是一种间接性的改变的预兆，似乎来自无意识。通常那看起来是性格的一种缓慢的变化；有的在孩童时代消失的特性在此时重现了出来；或者，某些兴趣与喜好开始渐退，由其他兴趣取而代之。此外也常有一些向来遵行的信念和原则等——特别是道德律——开始硬化，愈来愈僵硬，一直要继续到差不多顽固、执迷不悟的年龄，即五十岁为止。似乎此时这些原则已站不住脚，而非得进一步再去加以强化不可。

青春时期的葡萄美酒并不随着年龄的增长而显得更清醇，而是愈来愈混浊。所有上面提过的现象都很容易在一个相当有偏见的人身上看出来，只是在时间上有早晚之别而已。据笔者的浅见，其出现的时间，在一个双亲仍然健在的人身上通常较晚些。此时，其青春期便似乎延长得很不合理了。像这样的情况常发生在那些父亲长寿的人们身上。因此父亲的死亡便可能会带来过分仓促——几乎可说是悲惨的——成熟。

我认识一位极为虔诚的教会执事，他自四十岁起便对道德与宗教方面的事情反感日深。同时他的性情也显然愈来愈走下坡路。最后他变成像是一根在黑暗中慢慢倒下去的"教堂支柱"。就这样他挣扎着活到五十五岁，一天晚上，突然间，他坐在床上对太太说："我终于明白了，实际上，我不过是一个普通的流氓。"这种自觉有了进一步的后果。晚年，他便过着放荡的生活，耗去了他大部分的财产。很显然，一个人是很可能走向两个极端的。

成人们所常患有的神经性不安现象都有如下的共同特性：他们总忍不住要把青春期的心理性质带入到成年期的门槛。谁不知道老年人必须不时重温他们学生时代的辉煌事迹，谁不知道老年人只想靠着回忆他们年轻时代的英勇事迹来煽起他们的生命火焰——不这样做的人，陷入了无望的深渊。实际上，因存在下面所说的这点好处，我们便不应低估其价值：他们并不是人格障碍，他们只不过是令人生厌、拘泥不化而已。人格障碍是那些目前无法为所欲为，也不敢怀想过去的人的常见问题。

人格障碍的人过去摆脱不了孩童时代，因此现在也无法告别青春。他避免去想到那即将届临的暮年，而由于自以为前途黯淡，便老是尽量去追忆过去。正如一个孩子气的人在逃避世界及人生中未知的事一样，成人也在逃避人生的后半段。似乎他一定要遭遇很多未知的、危险的事；或仿佛他一定会受到许多很不希望受到的牺牲与失败；再或，直到现在为止，他的生活都那么合理而宝贵，缺少这些他便活不下去了。

是不是根本上那便是一种对死亡的恐惧感？在我看来，这种说法似乎不能成立，因为事实上，死亡仍然还远得很，因此仍然可被当做是一种抽象的东西来看待。经验告诉我们，所有这段过渡时期内的困难，其基础与原因都可在心灵深处所发生的特殊变化中找到。为了描述其特性，我不得不拿太阳的日常运行来做比喻——可这是个被人类感情和意识限制的太阳。清晨，它从无意识的夜晚升起，放眼观看这展现于眼前的辽阔光辉的世界，这是个一望无际的世界，其宽度已渐渐增大，而太阳也愈爬愈高，到达了苍穹。随着不断升起，其运动范围也越来越大，太阳发现了其中的意义；它以看到它本身所能到达的极限——能照射的最宽广地区——作为目的。有了这样的信念，太阳便开始追寻其未知的旅程，一直到天顶为止；无法预见的原因是其旅程特别而个性化，而终点亦无法事先预料得到。中午一到它便开始下降。下降的含义便是把早晨它所憧憬的一切理想与价值都一笔勾销。太阳开始陷入自我矛盾中。此时太阳该吸进光，而不该再放射出去了。光亮与热气渐渐地消失，最后终于熄灭。

再多的比喻都显得苍白，可是此一比喻比起其他的算是不错了。有一句法国格言带有讽刺的口吻这样总结道：愿年轻人有智慧，老年人有干劲。

　　幸亏我们人不是日出日落的太阳，否则我们文化的价值就不堪设想了。然而我们确是有点像太阳，而把人生比喻为早晨与春天、傍晚与秋天的说法，并非只是感伤性的隐语而已。这种讲法可说是表达了心理学的真理，甚至亦表达了生理的事实，因为发生在生命中午的转变也改变了肉体上的特征。尤其是就住在南半球的种族看来，我们常会发现，年纪较大的妇女其皮肤都较粗糙，声音亦较浑沉，胡子也开始长出来，脸上的表情也较冷淡，而且带有其他许多男性的特征。相反，男性却慢慢显现出女性的特征，譬如脂肪增多，脸部的表情亦较温柔。

　　人种学文献中有段饶有趣味的报告，有关一位印第安酋长于中年时梦见了一个大精灵的故事。梦中的精灵对他宣布，自此以后他要和妇女孩子们在一起，穿女人的衣服，吃女人吃的食物。他遵照该梦的指示去做了，所以没发生什么不祥的事情。这种幻象正是人生中午的心理变化的说明——人生开始走下坡的表现。人的价值甚至其肉体开始经历一次相反的转变了。

　　我们可将男性与女性的心理成分比拟为存置于某种储藏器

内的两种物质，在生命的前半段中运用不平衡的现象。男人将
其男性物质的大部分消化掉了，只剩下少量的女性物质，现在
必须用上。妇女则与此相反，她使未经利用的男性特征开始发
挥功能。

此一变化对心理的影响力比对肉体要更大。我们常看到四
五十岁的男人结束自己的事业，然后让太太接管事业，开间小
店，而他便在这店中做起打杂的工作。有很多妇女过了四十岁
才开始感到她对社会有所谓的责任，才开始生出服务社会的意
识。在现代的商业生活里——尤其是在美国——四十岁左右精
神崩溃的大有人在。如果我们稍用心去研究这些病人，一定会
发觉，崩溃的部分大都是目前为止一直在支撑的男性方面，而
只剩下一个具有女人气的男人。相反，我们亦可在这些行业中
发现许多妇女，在生命的后半段中开始发挥出很不寻常的男性
气概与英气，而将她们惯有的感情用事和闹情绪现象完全摒
除。通常此种倒转的变化总会带来婚姻中各种各样的不幸。因
为一旦丈夫表现出其温柔的一面，而太太却表现出其锐利的性
情，我们不难想象会发生什么样的结果。

事情糟就糟在那些知识分子和受过教育的人都会有此种趋
向，可是他们对于此种变化的可能性却毫不知情。在踏入生命
的后半段旅程之前，他们毫无准备。社会上是否有一种专为四

十岁左右的人所设的大学以告诉他们如何度过即将届临的人生？正如通常专为年轻人准备的大学以传授他们有关社会化生活的一切知识一样。不，事实是没有这种大学。在毫无准备的情况下，我们踏上了生命的下午；更糟的是，当我们踏入之时，总有个错误的幻想，认为我们所知道的真理与理想，定可适用于此阶段的人生。然而，事实上，我们是不可根据生命早晨的计划去过生命下午的，因为早晨看来美好的东西到傍晚会变得无用；就早晨而言是真实的东西，在傍晚会变成虚幻。我曾为许多位年纪大的人做过心理治疗，而且亦常深入他们灵魂的隐秘角落，经验使我确信，这是百试不爽的基本原理。

上了年纪的人应该晓得，他们的生命已不再往上爬与往外扩展，而是一种内在渐渐变冷的变化，迫使他们去缩小生命范围。对于一个年轻小伙子而言，如果他太过分重视自己的话，那几乎是种罪过——同时也是一种危险。然而，就一位上了年纪的人而言，多花点时间去注意自己却是非常必要的事。当太阳把太多的光照射到世界后，当然需要收回其光线以照射自己。许多老年人不但不如此，还变成疑病症病人、小气鬼、死硬派，沉浸于辉煌的过去或不再来的青春里，这些代替品可悲地取代了照射自己的努力，这些都是因为幻想人生后半段可利用其前半段的原则所造成的不可避免的结果。

　　我刚刚提到，我们没有为四十岁左右的人而设的学校。其实不然。我们的宗教在过去不是有许多类似的学校吗？可是今天有多少人如此看待它们呢？到底有多少老年人在这种学校受过熏陶而能为后半生、老年、死亡与永生做准备的呢？

　　如果长寿对于人们毫无意义可言，他当然是不想活到七八十岁的。人生的下午势必有其意义，而不只是人生之晨的一种可悲附属物而已。早晨的意义当然在于个人才能的发挥，从而在社会上能得到保障，能够传宗接代，能够抚养儿女。这是极自然的目标。可是当此目标达成时——甚至已超过了目标——难道赚更多钱、扩大雄心、生活扩张还会继续稳步前行至超越其理智与常识的范围吗？凡是把早晨法则——即自然的目的——带入下午的人，一定要付出其灵魂受创伤的代价，正如一个正在发育中的年轻人，如果幻想在幼稚的自我主义中避难，就必须要为此错误付出在社会上失败的代价的道理是一样的。赚钱、建立社会地位、组织家庭与传宗接代等不过是自然的行动——并不是文化。文化是要超越自然的目的。是否存在这样的可能：人生后半段的目的与意义正是文化？

　　从原始部落中，我们观察出，老年人几乎都是神秘与法律的护卫者，就是靠这些，部落的文化遗产才得以传递。而我们的情况又如何呢？我们的老年人，其智慧何在，其宝贵的秘密与愿景何在？大部分的老年人都想与年轻人一争雄雌。在美国，父亲的举止有如他儿子的兄弟，而母亲，如果可能的话，竟愿像她女儿的妹妹才好。

我不知道，到底这种混乱现象是由于早年对年龄尊严的过分重视，或者是由于错误的理想。毫无疑问，这些成分一定是存在的，尤其是那些视人生目的在于过去而非在于未来的人更是如此。因此，他们才千方百计地设法去缅怀过去。这些人看不出人生后半段的目标为何应比前半生更惬意。扩大生活面、贡献服务社会、在社会上功成身退、使子孙们皆能找到合适的对象和职业等；这些目的还不够吗？不幸的是，有很多年纪相当大的人，还抱怨生活范围越来越小，而且认为他们早年的理想都已幻灭消失，他们对于这些意义与目的仍然感到不满意。当然，要是这些人在早年能有机会把人生的酒杯倒满，而又喝得干干净净的话，那么他们对一切事物的看法自然又会大为不同了；要是他们毫无保留，所有点燃生命火花的燃料都已被吸收，那么他们一定会欢迎老年的寂寞。然而，我们该记取一件事，即世界上有资格被列为生活艺术家的人可以说是凤毛麟角啊！生活的艺术是一切艺术中最可贵的，也是最稀有的。到底世上有几个人曾把生命之酒饮得痛痛快快呢？所以说有太多的生命从人们手中平白地溜过去——有时甚至，即使他们都全力以赴了，亦仍然有怀才不遇之感。他们往往以很不满意的、时常念念不忘过去的心情踏入老年的门槛。

像这种人，如果他时常回忆过去的话，是最危险不过的。他们需要时刻有个未来的希望与目标。这就是为什么所有伟大的宗教都含有来生的希望，宗教使得人能于后半生中仍然富有前半生时的毅力与目的。今天的人，广大的生活范围与登峰造极的事业都没问题，可是死后的生活似乎就有问题了，甚至是不可相信的。然而，生命的终点——死亡——只有当我们觉得人生乏味时，才会觉得乐意去接受；或是当我们已深信，太阳到达其沉落之点——照射另一个世界的子民——也和它升起到天顶时有同样魅力时，我们才觉得死而无憾。可是信仰在今天已经成为一种很难企及的艺术，因此，大部分的人，尤其是受教育的知识分子，已经发觉无法接受信仰的道理了。他们已经很习惯地认为，一切有关不朽和诸如此类的问题都有许多矛盾的看法，而且亦无令人折服的证明。自从"科学"在当代世界中成为决定信或不信的依据后，我们只愿听从"科学的"证明。然而，那些有思想及受教育的人知道，像这样的证明是不可能有的。其实关于这些，我们是一无所知的。

于此，我是否亦可用同样的理由说道，我们对于一个人死后实际上是什么其实一无所知吗？答案既不是肯定，亦不是否定。我们不论怎样讲，就是拿不出适当的科学证据，来证明到底火星上有没有人住。而如果火星上有人的话，当然他们亦不介意我们相信或否认他们的存在。他们也许存在，也许不存在。不朽问题的情况亦然。因此，我们便可以将此问题搁在一旁了。

可是，我作为医生的良心觉醒了，并且驱使我非得对这一问题发表一点意见不可。我已观察出，一种接受引导的生活比起一种漫无目的的生活要好得多、丰富得多，而且健康得多了。我又发觉，人活在世界上最好还是顺其自然，不要反其道而行。在一位心理治疗的医生看来，一位无法向人生告别的老年人和一位无法去拥抱人生的年轻人一样软弱，一样是病态的。而事实上，就许多病人而言，两者都同样犯了幼稚的贪婪、恐惧、固执和任性的毛病。作为一名医生，我深信，把死亡当做是人生目标是健康的——假如我可这样说的话——而处处想逃避死亡的人是不健全的、不正常的，这样做就等于丧失了后半生的目的。因此，我认为，相信宗教的来生之说是最合乎心理健康的。当我住在一间我知道两个星期后便会倒塌的房子时，我的一切重要机能一定会受此观念的影响而遭到破坏；可是，相反地，如果我觉得自己很安全，我便能很正常、很舒适地住在里边。因此，从心理疗法的观点来讲，人最好还是把死亡视为只是个过渡而已——只是生命过程中的一部分——其范围和持久性是超乎我们的知识领域的。

虽说直到目前为止，大部分的人还是不知道为什么我们的身体需要盐分，可是每个人还是基于一种本能上的需求而摄取盐分。心理的道理也是一样的。许许多多的人远自洪荒时代，就已知道相信生命延续的必要了。因此，治疗的要求并不会把我们引到什么歧途上，而是要把我们引到前人走过的大道上。所以，虽然我们甚至不理解我们在想什么，但我们要求人生有意义的想法是正确的。

我们曾经了解自己所想的吗？我们只知道，思考不过是种方程式而已，它除了产出我们所投入进去的部分外，并不能给我们什么新东西。这是理智层面的做法。可是除此之外，人类还可运用一种原始意象（primordial image）——用远比人类历史更古老的象征法——来思考；这些意象早在史前就已深植于人类心中，自始至终都存在，度过了一代又一代，至今仍然是人类心理的基础。只有当我们能和这些象征物协调时，我们才能过上最有意义的生活。回到这些象征物才是明智之举。那既不是信仰亦不是知识的问题，而是使我们的思想和无意识的原始意象相调和的问题。它们是我们所有意识思想的总源泉，而这些原始思想之一便是来生观念。科学与这些象征物是无法相提并论的。它们是想象力不可缺少的条件，它们是最原始的资料——不是科学可随随便便去否认其适当性和存在性的材料。科学只能视之为现成的事实，举例来说，正如它在研究甲状腺功能的情况一样。十九世纪以前，甲状腺被视为是个没用的器官，因为大家还不了解它。同样的，如果今天大家也要把原始意象当做是无意义的东西的话，那一定会同样地犯眼光短浅的错误。在我看来，这些意象都是属于心理器官的东西，我一向都非常小心地处理它们。有时我得向一位中年病人说："你脑海中有关上帝的影像或你对不朽的观念已经消失了，所以你心理的新陈代谢功能失常了。"古代的长生不老药（athanasias pharmakon），实际上比我们所想的不知道要深奥多少倍、有意义多少倍！

现在我想再暂时回去谈论太阳的比喻法。人生的那道一百八十度的弧线可分成四部分。前一部分，在东方，是孩童时期——即我们是他人眼中问题最多的情况，我们自己都不自知；意识到问题的存在，便是第二与第三部分；而最后一部分——最年老的时期——我们再度陷入无忧无虑、不知一切的情况，我们再度成为他人眼中问题最多的人。孩童时期与最老年当然是完全不同的，然而其间亦有共同点：即两者都陷入无意识的心理状况中。既然小孩子的心理是从无意识发展而成的，其心理过程——虽说很不容易探知情况——并不像那些年老的人那么难以觉察，因为这些年老的人已再度陷入无意识中，然后又慢慢从无意识中消失掉。既然童年与老年都是在意识里不存在什么问题的人生阶段，因此我也不拟在此讨论它们了。

论弗洛伊德与荣格之异同

其实弗洛伊德与我个人观点差异的问题，本该由丝毫未受两者影响的第三人来讨论才恰当。我个人有足够公平的态度吗？他人可来担当此一工作吗？我很怀疑。如果有人向我说，已经有人完成了这个壮举，其成果可与闵希豪生男爵① 媲美的话，我有把握，这个人的观念一定是从他人那里剽窃而来的。

凡是能为众人接受的观念，绝对不可能是作者独自创造出来的；相反，他只能算是其观念的仆人。一般为人奉为真理的观点都有其特殊之处。虽然它们是在某一特定时代才出现，然而却是无时间性的；它们都是从那块具有滋生力与繁殖力的心理生活家园里长出来的，在这块园地里，短暂的人类精神就像一棵树一样地开花、结果，然后凋零、死亡。观念并非在短短的一生中便可创造出来。我们并不创造观念，而是观念创造了我们。当然，当我们接受或传播观念时，免不了要忏悔，因为观念可将人的优点与缺陷一一表露无遗。尤其是谈到有关心理学的观念时更是如此。除了依靠人生的主观见解外，心理学的观点是不可能出现的。我们在客观世界中所获取的经验能够免除主观成见的色彩吗？难道每一种经验，即使是在最理想的情况下，不是属于主观的解释较多吗？然而，主体本身其实也就是一种客观事实，仍然是属于世界的一部分。凡是从主体产生出来的，亦是从大地生出的。正如那些百年难得一见的珍禽异兽，亦同样地受到我们所共有的大地的孕育与滋润。实际上，只有最接近自然与生物本性的主观观念，才能算是最真实的东西。然而，什么是真理呢？

为了讨论心理学，我想最好还是放弃一个观念，即认为我们今天的立场是要讨论一种真正的、正确的心理学。我们至多只能就事论事。我所谓的就事论事是，开诚布公地、巨细靡遗地把我个人的意见说出来。也许有某种人只注重其表达观念的形式，自认为他在用自己的方式创造观念；另外一种人则主

① 闵希豪生男爵（Baron Munchausen，1720—1797），德国乡绅，曾在俄国军队服役，以擅讲故事闻名，根据所述故事编成的书有《闵希豪生男爵的奇遇》、故事集《快活人手册》。——译者

张，他本身只是一位"观察者"（observer），表达自己所意识到的感受，坚称这是主观所带给他的。事实上，是应介于这两者之间的。就事论事该是将你所观察到的加以组织而表达出来。

　　姑且不论其发展的前途如何，现代心理学本身所应有的容忍态度与表达的合理性，可以说离恰当的标准还相当遥远。目前，我们的心理学可以说只是综合了几个人的研究结果。他们的表达形式不一。因为一个人多多少少总会偏向某一类型，所以其成果亦只能代表某一部分人的看法。此外，既然那些偏向另一类型的人亦代表了另一类人，我们自然可说，虽然其应用的比例低些，它仍然有合理性。弗洛伊德所谓的性学说、幼儿享乐说、现实原则①冲突说和乱伦说等是他用自己的方式表述了自己的研究心得。他把他个人所发现的，用适当的形式表达出来。我不是他的反对者，我之所以被加上此一称谓，乃是因为他本人及其门徒们的眼光太短。有经验的心理治疗学者都不能否认，弗氏的理论和学说确实与不少病例相符合。就其将个人所见坦然公之于世而言，弗氏可说是促成了一项伟大真理的

---

① 现实原则，意指对环境的需求意识，并且使自己的行为尽量符合其要求，最后因此获得本能需要的满足。现实原则，由此看来，是与享乐原则并行而存的，是"自我"的遵循原则。——译者

诞生。他曾经全心全力创出了一种可完全体现他个人心血的心理学。

由于我们每个人的处境不同，因此便有见仁见智的判断事物的方法。而且，因为其他的心理结构不同，对事物的看法与说法亦难免有所差别。弗氏最早期的门徒之一阿德勒，便是一个最好的例子。和弗氏一样地以相同的经验素材去研究，他对事物的看法观点和他的老师就有极大的差异。他判断事物的方法可媲美弗氏，因为他亦代表了一种有名的类型。我知道，这两派的门徒都毫不客气地宣称我的观念是错误的。可是我希望，有一天历史和有公德心的人为我作证。他们两派，根据我个人的浅见，过分强调生命的病理部分，为人做解析工作时过分重视人的缺陷，这是不应该的。关于此最简明的例子体现在弗氏无法了解宗教经验，这一点从他《幻觉的未来》（*The Future of Illusion*）一书里我们便可得到充分的证明。就我个人而言，我倒喜欢从一个人的健全方面下手，使得病人免受那些弗氏著作中观念的苦恼。弗氏理论之所以显得有点偏激，是由于其大部分理论只是根据神经症事实而推敲研究出来的，其适用性当然只局限于那些情况而已。在这些范围之内，弗氏的学说仍然有其道理。虽说其学说不免有所偏差缺陷，但缺陷到底亦是属于其学说整体的一部分，说明了他的坦诚态度。总而言之，弗氏的学说并不是谈论健全心理者的心理学。

弗氏心理学的病态情结是这样的：其学说只观察那未被人批评过的，甚至是属于无意识的世界，如此一来，就将人类的经验范围及其理解力加上了相当大的限制。他也从未批判过其个人观念的假说或前提。其实，正如上面我说过的，我们可推想而知，自我批判是需要的，因为如果他曾经站在批评的立场去研究自己的假说的话，他一定不会在《释梦》一书里导出那么幼稚的结论。总之，他一定亦会和我同样尝尽苦果。我个人从不拒绝亲自去体验哲理性批评的甘苦味道，但我一向的态度总是小心谨慎、浅尝辄止。也许反对我的人要说，这未免太小心了，而我的感觉却会说，这已太多了。因为自我批判常易于破坏人的天真，这种天真是一项无价之宝，它不是一位无创造力者所能享有的。总而言之，哲理性的批判已令我发现，每种心理学——包括我的心理学在内——都具有主观的色彩。可是，我应该尽可能避免让自我批判毁去了我的创造力。我深知，我所说的每句话都有主观成分在内——有我个人的历史背景与特殊环境成分。就算当我论及经验性的资料时，我所谈到的亦是自己。然而就是因为我看出这种不可避免性，我才能对人类知识与学问有所贡献——就这层贡献而言，弗氏的愿望也是如此，而严格说来，他的成就确是不少。学问不只是建立在真理之上，而且亦建立在错误之上。

也许就是基于这个原因，我们才有明白下面事实的必要：凡是由个人单独创造出来的心理学说，必定带有主观的色彩，而弗洛伊德与我的差异尤其明显。

另外我和他不同的一点是，我尽量避免不受那些无意识以及未受批评的假说影响。我之所以说"我尽量"，是因为没有人敢断言有办法免去一切无意识的假说。我至少是尽量避免陷入极偏见的深渊，因此，也就允许那些对人类心理可能有所影响的各种各样的神祇存在。不论我们称自然的本能或冲动为性欲或权力意志（will to power），我并不否认它们都是人生中的推进力而且常相互冲突。既然如此，那我们为什么不称这种东西为"精神"呢？到底精神为何物，至今我仍然不得而知，此外，我也不知本能为何物。两者对我来说都一样具有神秘性，不过我总不能够以其中之一来否认另一个的存在啊！这样做便是大错特错了。世界上只有一个月亮的说法并不是错的。自然界本身不会有误解，误解只会从人所谓的"理解"中找到。当然本能与精神非我所能理解。我们只能视其为无法为人所知的强大力量的代表。

显然，我认为每种宗教都有其特殊价值存在。在它们的象征意象里，我发觉，那些人物和我从病人梦中与幻想中所发现的人物非常相似。就其道德教义看来，我认为，其目的相当于病人凭自己的见解或灵感去寻求内在生活时所付出的努力。对于各种各样的祭典、入会礼及苦修等繁杂的形式与种类，我都有深厚的兴趣。因为经由这众多的手法，我便可找出它们与内在生活力量的关系。同时，我亦认为，生物学以及一般自然科学的经验都有极大的价值，因为根据这些东西，我又发现了另外一种经由外在世界去研究、了解、探讨人类的有力办法。我亦把诺斯替教①当做是，从相反角度来看，具有同等宝贵价值的东西，从内心中我们可获知许多有关宇宙的知识。我个人对世界的看法是，不但其外在范围相当广大，其内在范围亦同样广泛，而介于两者之间的便是人，时而内在，时而外在，此外，更时常根据其情绪或性情肯定其一，而否定或牺牲另一个。

当然，这种说法是假设性的，可是由于其价值相当大，因此我不想放弃。就启发性与经验性两方面而言，它都有其道理，而且亦是大家所公认的事实。虽然我可以想象是经验给予我的灵感，但此一假设确实是发自我的内心。我的类型理论便

---

① 诺斯替教(Gnosticism)，一种融合多种信仰，把神学和哲学结合在一起的秘传宗教，强调只有领悟神秘的"诺斯"，即真知，才能使灵魂得救，公元 1 至 3 世纪流行于地中海东部各地。——译者

是根据此假设推论出来的，而且我经常要与自己的不同观念妥协，如同与弗洛伊德的那样。

　　我发现，世间万事万物莫不成对出现，根据此一看法，我又领悟出心理能量的观念。我主张，心理能量也有成对出现的现象，和物理能量有冷或热、高或低的差别的道理是一样的。弗洛伊德最初只知性欲为唯一的心理推动力，到后来我和他决裂了，他才承认，其他的心理活动亦有其地位。我曾经根据能量的说法，将各种动力或推力加以详细分组，以避免一种只谈论动力或冲动的武断的心理学。因此，我所谈论的动力或推力并非是个别存在的，而是"价值强度"（value intensities）的问题。我上面所说的并不是要否认性欲在心理生活中的重要性，虽说弗洛伊德曾一再声称我确实已否认其重要性了。我的目的无非是想借此遏制目前这种用"性"一词来以偏概全的趋势，这种现象使得一切对人类心理的讨论都被打消了，我希望在此能把性欲置于一个适当的位置上。根据常识来判断，我们知道，性欲只不过是所有生命本能之一——许多心理与生理的功能之一而已，虽说此功能有其深广的影响力存在。

　　不难看出的是，今天人类的性生活领域内确已呈现一片混乱。大家都知道当感到牙痛时，我们一定是痛得无暇顾及其他。弗氏所谓的性欲理论是一个病人需要被迫或被诱导去改正其错误态度所形成的，显然那是指对性抑制的过分渲染；只要正常发展的门一打开，它自然会立刻回复正常。那是一种向其双亲和亲戚的反抗现象，一种陷于令人生厌的、令其生命力感到受阻的家族关系现象。这种受阻现象便是常见的所谓"幼儿性欲说"。其实，真正的原因并非由于性欲受阻，而是由于某种完全属于另一种生活领域的不自然紧张表现。事实既然如此，我们何必再在这洪水滔滔的地方留恋呢？与其要在泛滥洪灾中驾舟奔逃，倒不如再开凿另外的排水鸿沟。我们该设法找出一种态度的改变或一种崭新的生活方式，以使这堵塞的能量得以宣泄。要是此一目的无法达成，势必会造成一种恶性循环，这便是弗氏心理学所提出的危机。这种情况将使人类无法超越那不易变动的生物性上的循环。此一绝望一定会迫使人像保罗一样地呼叫："我罪大恶极，有谁能为我解脱呀？"于是，我们之中的圣者便走上前，摇摇头，模仿浮士德的口吻说："你们只知道一种推动力而已吗？"那便是你和你父亲、母亲，或你和你的子孙的血肉关系束缚——与过去及未来血亲的"乱伦"，这便是家族关系延续的原罪。除生命的另一种推力——精神力——外，再也没有可免除此一束缚的办法了。那不是肉体的衍生，而是不受桎梏的"上帝之子"。在巴拉赫关于家族生活的悲剧小说《死亡之日》（Der Tote Tag）中，母鬼最后说："最奇怪的事是，人们都不知道上帝便是他们的父亲。"这便是弗洛伊德永不可能晓得的道理，亦是所有与他持有相同看法的人不想去知道的事。至少，他们缺少一把开启通往此一真理的钥匙。而神学对一个只找寻窍门的人是用不上的，因为神学要求的是诚心，而诚心是无法凭空制造的，它完完全全是来自上帝的一种恩赐。我们现代人正面对着一种重新寻回精神生活的需要，我们得重新亲身去体验。这是我可以摒除在生物性循环上所受到的束缚力的唯一办法。

这便是我和弗洛伊德观念的第三点不同。因此，便有人指责我是个神秘主义者。我并不是说，人们不论何时何地都能自然地培养出宗教的表达形式，更不是说，人类的心理远自太古洪荒时就有宗教感与宗教观念存在。我是说，凡是无法洞悉人类心理这一道理的人可以说是缺乏察觉力，而企图将之否认或将之掩盖的人，可说是最缺少了解事实真相的能力。难道我们可能从弗洛伊德本人及其学派所创立的"恋母情结"（Oedipus complex）找出任何可解除那根深蒂固的家族关系的宝贵证据吗？他们以过分的固执及过敏为"恋母情结"作不可思议的辩护，实际上可以说是误解了宗教性质，并且为它遮上了一层外衣，这才是以生物学与家族关系的方式所表达出来的神秘主义。至于弗氏之"超我"的观念也只能算是一种要偷取一向受人尊敬的耶和华意象的企图，然后穿上心理学理论的外衣而已。如果一个人这样做的话，他最好还是公开承认为妙。就我个人而言，我一向喜欢按照一般人所知的名称去叙述一件事物。历史是不会开倒车的，而人类从原始的入会礼到今天精神生活的进步是不该被抹杀的。科学尽可将其研究分门别类，建立其有限的假说，也唯有如此，科学方能有所成就。可是人类的心理却不能与之混为一谈。它是一种涵盖意识的整体物，亦是意识之母。由于科学只能算其功能之一，因而也就无法穷尽生命的奥妙。心理治疗学者不该让他的愿景戴上病理学的有色眼镜；他不该忘掉，病态的心理是一种人类的心理，而虽说它是病态，却仍然不失为人类精神生活整体中的一部分。心理治疗的学者应该承认，自我之所以病了是因为它和整体脱离了关系，同时也和人类、与精神失去了联系。正如弗氏于其《自我与本我》(*Ego and Id*)一书中所说的，自我确是"恐惧之地"，不过那也是当本能无法回到其"父亲"与"母亲"（即精神与本性）时。弗氏谈及尼科迪墨斯时，遭遇到了难题："一个人是否可能再进入母亲的子宫内，然后再被生出来？"当然我们可以说，像这种情形，就等于历史重演了，因为这种问题今天不会再一次在现代心理学的争论中出现。

好几千年来，入会礼仪式所教给我们的都是精神再生。然而，奇怪的是，人却屡次把神圣的生殖意义遗忘了。这当然不是一种强壮精神生活的证明，可是今天，误解的现象却愈演愈烈，认为这不过是一种神经病似的堕落、一种痛苦的加剧、一种萎缩和无思想的现象。要把精神摒除于门外是很简单的事，可是当我们把它赶出去，我们的人生势必索然无味了。幸亏我们可以证明，精神最后总会恢复其力量，因为古代的入会礼仪式及其教义已一代一代地传了下来。人类将再度站立起来，将再度了解上帝是我们的父亲这一道理。人类亦不会失去肉体与精神的平衡。

弗洛伊德和我之间的主要差异在于我们的基本假说。既然假说是不可避免的，那么故意谎称我们并无任何假说便不应该。这就是为什么我觉得有探讨基本问题的必要。以这些问题作为出发点，大家便可对弗氏与我之间的许多差异有个较好的了解。

古代人

　　archaic 一词的意思是原始的、根本的。由于对今天的文明人作任何有价值的评论不但相当艰难，而且吃力不讨好，那么我们最好还是来谈谈古代人为妙。首先，我们可能尽量保有客观的余地，可是事实上，和原始人一样，我们亦是无法避免不陷入猜测的漩涡，或不为某些偏见所蒙蔽。而谈到古代人，我们和他们的时间差距确是太长了，我们的智力亦和他们有所区别。因此，我们最好保持超然的立场，以便能够眺望到他们的世界，了解他们对世界意义的看法。

　　上面一段话算是为本文将讨论的题目确定了界限。虽说只涉古代人的心理生活，然而在这有限的篇幅里，我亦无法把它说得很清楚。我将尽量概括叙述，而不拟把人类学在原始种族方面的新发现列入讨论范围。通常，我们谈及某种人时，无需在解剖学上了解其头颅形状或肤色，只需涉及其心理世界、意识状态和生活方式。这些都是属于心理学的题材，此处我们即以谈论原始人或古代人的心理为主。虽说有此界限存在，可是事实上，我们已把主题加以扩大了，因为并非只有原始人的心理运行方式方可称为古代的。今天的文明人亦同样有这些方式，而且，这些特性的出现不只是间歇性对于现代社会生活而言的"返祖现象"（throwbacks）。相反，每一种文明人，不论其意识的进展如何，其心理深处仍然保有古代人的特性。正如人体与哺乳动物所具有的关联性，以及许多需溯源至爬行动物时期的早期进化阶段所遗留下来的残余特征一样，人类的心理亦是进化的产物，倘若我们追溯其来源的话，会发现它仍然表现出无数的古代特征。

当初次和原始部落接触，或在科学性的著作中读到有关原始人心理的文章时，我们不免对于古代人的怪诞特色具有深刻的印象。莱维-布律尔便是一位研究原始社会学的权威，可他还是不厌其烦地要大家注意，原始人的"前逻辑"（pre-logic）心理状态与我们的意识观的明显区别所在。作为一个文明人，最令他觉得不可思议的是，为什么原始人会忽视经验教训，为什么会置事物的因果关系于不顾，为什么会把一些属于意外或自然发生的事件解释为"集体表象"（collective representations）的必然现象呢？所谓的"集体表象"，莱维-布律尔是指那些普遍为人接受、不证自明的真理，诸如有关精灵、巫术、药草效力等等原始观念。在我们看来很容易理解的，人因老或得了重病而死亡是很自然的现象，可是原始人却不以为然。年纪大的人去世，他并不相信是因为年龄的关系。他辩称，有许多人的年纪都大得多。同样，他认为世上绝对没有人会因病而死亡，患了同样的病而康复的大有人在，而且亦有许多人未感染过此病。在他看来，这些现象只有靠魔法才能解释得通。是精灵或巫术杀了他。许多原始民族认为，只有在战役中的死亡才是最自然的。可是也有视于战役中阵亡为不自然的，他们认为，杀死自己的或者是巫师，或者是贴有符咒的武器。像这类的怪思想有时候很令人不可思议。例如说，有一次从一只被欧洲人射死的鳄鱼肚中发现了两个脚镯，当地的土人认出这两个脚镯是属于两位不久前被鳄鱼吞下的妇人的，于是大家便开始联想到巫术了。这种自然发生的事情，就一位欧洲人看来绝对不会产生什么疑虑，可是当地人却运用莱维-布律尔所说的"集体表象"的猜测法去解释它。土著人说，有位不知名的巫师事先曾召唤那条鳄鱼到他面前，当面吩咐它去带那两位妇女过来，于是鳄鱼遵命行事。可是在鳄鱼肚内取出的脚镯该怎么说呢？土著人又说了，鳄鱼是从不食人的，除非受命于某人，而脚镯便是鳄鱼从巫师那儿取得的报酬。

这个故事可说是一个运用奇特的解说事物的方法来表明"前逻辑"心理状态的最佳例子。我们之所以称其为"前逻辑",是因为我们认为这种解释方法确是极不合逻辑的。之所以让我们倍感惊奇,是因为我们判断事物所运用的假说和原始人所用的截然不同。倘若我们亦如他们相信巫师和神秘力量,而不相信所谓的自然因果律,那么我们便会觉得他们的推理方法是顺理成章的事了。事实上,原始人并不比我们更具有逻辑性或更缺乏逻辑性。他们和我们的差异只在于前提预设不同,即他们的思想与行为的出发点和我们不同。对于一切不寻常的、乱人心绪的、吓人的事物,他们都将其原因归咎我们所谓的超自然。但对他们而言,这些事物当然不是超自然的东西,正相反,是他们经验世界的东西。当我们说这房子是因为受到闪电的袭击才被烧毁时,我们心里当然明白,这是一件有自然因果关系的事;当原始人说那房子是由巫师利用闪电引火烧毁的,他们亦认为这是很自然的解释法。在原始人的经验中——哪怕极不寻常的或特别奇异的——也没有一件事物他不可以运用类似的理由去解释。他们的解释法和我们所用的方法在某种程度上极为相似:他们从不对于其猜测加以批判。他们认为,人生了病或有了其他不幸的遭遇都是由于精灵或巫术引起的说法是毫无疑问的真理；同样，我们亦认为，人生了病是有其自身原因的说法是天经地义的。正如我们不会归其因于巫术，他们亦一样不会归其因于自然因果律。他们的心理活动和我们的并没有多大的差异。不同的只不过在于假设而已。

一般我们认为，原始人的感觉和我们有所不同，他们亦有不同的道德观——这也是"前逻辑"状态和我们有差异的部分。毫无疑问，他们的道德法则和我们的确有所差异。有一次，当一位黑人酋长被问及如何分辨善与恶时，他说："我偷了敌人的太太是善的，但如他偷了我的太太便是恶的。"有许多地方的人认为，踩他人的影子是一大侮辱，另外的地方则视用铁刀而不用燧石刀去割破豹皮便犯了不可宽恕的罪过。然而，且让我们说句公道话，难道我们不是视用钢刀吃鱼、在室内不脱帽、口衔雪茄迎接女士等行为是错误的吗？我们和原始人都知道，像这类事和伦理无关。有许多人忠心耿耿地专门猎取敌将首级，更有一些人，以极虔诚、极心安理得的态度执行惨无人道的仪式，或抱着宗教的信条而谋杀！其实，原始人对一种伦理态度的评价和我们不相上下。他们脑海中的善恶观念和我们的是相同的，不同的只是善恶表现的形式而已，其伦理评价的过程是一样的。

此外亦有人认为，原始人的感觉器官比我们的更敏锐，或某些方面和我们的有所差别。然而，原始人那种经高度锻炼的方向辨别感或听觉、视觉完全是职业的问题。如果他碰到了完全陌生的情况，他的感官就会出乎意料地缓慢与笨拙。有一次，我拿了一本杂志给几位眼光敏锐的土著猎人看，上面的人物画像即使小孩子亦很容易辨认出来的。他们把那些图片翻来翻去，过了很久其中的一位才用手指头画着人像的轮廓，大声喊着说："这些是白人。"紧跟着其他的人亦同时欢呼，好像有什么大发现似的。

许多土著人所具有的那种方向识别感其实是练习的结果。当他们在森林或沼泽中时，这是特别需要的。即使是一个欧洲人在非洲住过一阵子后，亦常会发现自己以前做梦都不会注意到的事；即便不带罗盘针进入大片树林也不会害怕迷失路途。

其实，我们找不出什么可以证明原始人的思想、感觉或领悟力与我们的有根本的差异。他们的心理功能和我们的是一样的，差异的只不过是基本假设而已。相比之下，他们的意识范围比我们的狭窄，较低的或完全不能集中意志力等事实，是相对不重要的。尤其涉及意志集中力令欧洲人大感惊奇。例如，他们通常都无法和我们进行持续两小时以上的谈话，因为他们老是会说自己已经疲惫不堪了。他们说这样做太困难了，然而事实上，我只不过是问了他们一些简单的问题而已。然而当他们出外打猎或旅行时，却表现出惊人的集中力与耐力。譬如为我带信的邮差可一口气跑七十五英里路。此外，我曾看过一位怀胎六个月的妇女，背了一个小孩，嘴里衔着一根烟斗，在华氏九十五度之下，围绕着一堆火，跳了整夜的舞，却仍然毫无倦容。显然，只要原始人感兴趣的事情，他们便非常善于集中意志力。让我们做不感兴趣的事，同样，我们的集中力亦非常薄弱。我们和他们一样，完全视情绪而定。

当判断是善是恶时，比起我们来，原始人的头脑确是较简单些、较幼稚些。这本身并不会令我们太吃惊。可是当我们接触到原始社会时，我们的心中会升起某种生疏的感觉。根据我个人研究分析的结果，这种感觉产生的主要原因是，原始人的基本假设与我们的有别——可以说他们活在一个与我们不一样的世界里。在我们未明了他们的假定之前，他们仍旧是个难解的谜，而一旦我们了解后，一切的问题就简单了。我们甚至可以这样说，只要我们了解了我们自己的假定，原始人便不再是个谜了。

根据我们理性的假定，凡事皆有其自然律与可察觉出来的原因。我们对此深信不疑。像这样的因果律便是我们最神圣的信条之一。在我们的世界里，我们不容许任何无形的、专断的及所谓的超自然力量存在——除非，我们随着现代物理学家的脚步在观察原子的微妙世界时确实发现了某种怪异现象。但那还是非常遥远的事。我们对于那些无形的、专断力的观念仍十分排斥，因为不久以前，我们才刚刚摆脱那充满梦幻与迷信的可怕世界，而塑造出一个理性的意识宇宙——这是人类最近的最伟大成就。我们目前活在一个服膺于理性法则的世界。当然，我们仍然无法洞悉一切事物的因果，不过那只是时间的问题而已，随着我们推理能力的增进，终将达成。这就是我们的希望，和原始人将其假定视为理应如此一样，我们亦视之为理所当然。偶然的事仍然会发生，可是那到底都是少见的，何况我们亦相信，其自身必有某种因果律。喜好秩序井然的人不免会厌恶偶发事件。偶发事件常会使得某些可预期的平常事失去常态，因而令人有啼笑皆非之感。我们对于无形力和偶发事件都同样觉得讨厌，因为它们令人感到仿佛有某种鬼魅或外在神灵的干预。这些都是当我们深思熟虑时最坏的敌人，时时在威胁着我们的行动。它们违背了理性的原则，值得厌弃，然而我们不应忽略了它们应有的重要性。阿拉伯人比我们更敬仰它们。他们每一封信上都附有这么一句话：Insha-allah（如果安拉允许的话），似乎只有这样，信才能被送达。虽说我们不愿意碰到偶发事件，虽然许多事情都依常理而进行，但不可否认，我们确是无时无刻不受到意外事件的摆布。世界上还有比意外事件更难看得见，更专断的事吗？还有更不可避免、更令人生厌的事吗？

如果我们把此事加以仔细的研究，我们将会说，一切依常理发生的事件只有一半可以因果律来说明，而另外的一半则完全为意外的魔鬼所左右了。意外事件仍然有其自然的因果律，而且我们常沮丧地发觉，这些因果律亦是司空见惯的。我们觉得不耐烦并非是因为我们对于意外事件的原因毫无所悉，而是因为它们常相当专断地在我们周遭发生。这便是惊扰到我们的地方。意外事件是令人恼火的，即使是一位道地的理性主义者亦要情绪化地控诉它。不论我们怎样去解释它，我们仍然免不了要多多少少受到它的影响。现实条件愈是受到规律限制的人，他一定愈会排斥意外事件的发生，而事实上，我们是不应与它作对的。不论怎么说，每个人都知道意外随时随地可能发生，甚至依赖它们，虽说正式的信条并不鼓励这种依赖。

因此我们进一步的假定该是，凡事皆有其自然律或可觉察出来的因果律。相反，原始人却假定，凡事皆由某种无形的专断力量促成，换言之，凡事皆是意外的。只不过他们不称之为意外，而是意旨。在他们看来，自然因果律只不过是种表象而已，是不值得一提的。倘若有三位妇人到河边去取水，其中的一位被鳄鱼拖下水去，我们一般的判断是，恰是那位妇女被拖走是种巧合。她被鳄鱼抓去，在我们看来纯粹是极自然的事，因为鳄鱼的确常会吃人。可是原始人却觉得，这种解释已完全违背了事实的真相，无法为该事件作全盘的说明。他们认为，我们的看法是肤浅的、可笑的，其实，他们这种说法亦有其道理，因为要是这意外事件没发生的话，同样的解说方法也适用。由于欧洲人存有偏见，因此他们无法了解自己的解说是多么贫乏。

原始人寻求另一种解释法。我们所称的意外在他们看来却是种绝对力量。如此一来，我们就可以说，鳄鱼的意旨——就像人人看见的——抓去了那站在中间位置的妇女。倘若它没此意图，它可能去抓另一位。可是它为什么有此意图呢？一般说来，这种动物是不太常吃人的。这种说法是正确的，其正确性如同撒哈拉沙漠不下雨。鳄鱼确是种胆小易受惊的小动物。就其咬死人的数目而言，可以说是寥寥无几，而说吞下一个人的事确是不可思议又不常见。像这件事就有特别加以解说的必要了。鳄鱼不可能会主动去咬死人的。因此，它这样做到底是受谁的指使呢？

原始人下判断的方法通常都是根据其观察周围世界所得到的结论。一旦有意外之事发生，他当然会惊讶不止，因而就马上想去追究其特殊的原因。就此点而论，他的做法和我们极其相似。不过他还比我们更进一步。他对于意外事件的绝对力量理论不止一种而已。我们说：那不过是个巧合。他却说：那是种预谋。在因果关系的连续过程中，他特别强调那些杂乱与超越常规的部分，那些无法运用科学因果律去解释的例外事件。他很久以来都习惯于依常理而运行的自然；他所惧怕的是那些不可预测的，因某种绝对力而发生的意外事件。他的这种想法是对的。我们要理解为什么凡是不寻常的事都应该令他恐慌。我曾经在埃尔贡山区住过相当长的时间，那儿有不少穿山甲。穿山甲是种罕见的怕生的夜行动物。倘若有人在白天看到它，土著人便视为不寻常的事情，其惊愕的程度和我们发现一条由低处往高处流的小河不相上下。然而，要是我们早就知道那是因为水突然间超越了地心引力的话，也不会减低对这件事的惊恐。我们都很清楚，当大水包围我们四周，而水不再受到引力的控制时，会造成什么样的可怕后果。这便是原始人期待中的外在世界。他对于穿山甲的习性非常熟悉，可是只要偶然有一只破坏了自然法则，他就有采取相应行动的必要。原始人对于事物本来的样子非常熟悉，因此任何破坏其世界法则的事件都令他感到忧心忡忡，危机四伏。像上述的例外便是一种预兆，一种凶兆，其严重性和彗星或日月食相同。因为他认为，在白天看到穿山甲一定是违反了自然法则，其背后必有某种无形之力存在。这种会破坏自然法则的可怕现象当然要有特殊的处置法与自卫法。他应该纠集邻近的村庄，应该不惜一切代价把穿山甲挖出来，然后杀死它。倘若是男人看到了穿山甲，那他最年长的舅舅就有杀一头牛去祭神的必要。那个男子应该进入兽坑中，吃第一口肉，然后，舅舅及其他观礼者亦该跟着吃。只有这样做，大自然可怕的恶作剧才得以消除。

如果我们无缘无故地看到河水由低往高处倒流的话，我们当然会吃惊不小。然而，要是我们白天看到了穿山甲，或一个白化病人出生，或是发生了日食月食，我们却不以为怪。我们对于此类事物的意义及其发生原理有所了解，可是原始人却不然。他和他的同胞们一向都遵照一般事物的原则而活着。因此他非常保守，别人怎么做他便怎么做。不论何处，只要突然间有件违反常理的事发生，他便感到井然有序的世界正遭受破坏。跟着可能任何事都会发生——天晓得有多少。所有较特殊的事件，他都拿来相提并论，视为有某种联系。譬如，有个牧师在其门前竖了一根旗杆，以便在星期日可把英国国旗升上去。可是他的这种无辜做法使他付出了很大的代价。这是一种很单纯，却令人生厌的举动。不久后碰巧一场非人力所能抗拒的暴风来了，大家认为是那旗杆的责任。此事便构成了反对那位牧师的理由。原始人认为，只有生存在日常事物的世界里才有安全感。凡是超越常规的事，对他们而言，似乎都存在着某种威胁，它不但破坏了事物的常理，而且亦是一种其他坏事发生的预兆。

由于我们早已把祖先们对世界的看法忘得一干二净，难怪会把这种情况看做是非常可笑的事。一只小牛生下来时就有两个头，五条腿。隔壁村庄的一只公鸡下了蛋。一位老妇人做了个梦。天空中有颗彗星出现，邻近的城里起了一场大火，次年一场战争爆发。像这样的记载从远古到近代的十八世纪都屡见不鲜。这种事实交相并列的现象对我们根本毫无意义可言，对于原始人来说，却是非常重要的，令他们信服的。这是令我们匪夷所思，却相当有道理的观念。他们的观察力是可靠的。几十年来的老经验告诉他们，情形便是如此。我们认为只不过是由一堆毫无意义以及完全偶然的巧合所组成的东西——因为我们只注意到单个事物的本身及其原因——原始人却视之为合乎逻辑秩序的序列，具有指导性。他们认为那完全是一种过程前后一致，因某种超人力量所引起的可怕现象。

有两个头的小牛之所以和战争是同样的东西，是因为小牛的诞生预兆了战事的来临。原始人认为其间的关系是毫无问题的、可信服的，因为在他们的世界里，意外的恶作剧远比那些依常理而发生的事件更重要。我们该感谢他们早已提醒我们去注意：即那些不寻常的事常常接二连三、分组成群而至。病例复现原则是每位从事临床实验的医生常碰见的。在维尔茨堡（Würzburg）大学里，有位精神病学老教授常喜欢在提及一个罕见的特殊病例时说："先生们，这是个极为独特的病例，但以后我们一定还会碰到相似的。"过去八九年来我在一所精神病院行医时亦常说同样的话。曾经有一位病人患了极罕见的意识模糊病（twilight-state of consciousness）——这是我平生首次碰见这样的病例。两天后，我又碰到了一个相同的病例，但这是最后一次了。"病例复现"对医生而言是诊断中常有的笑话，然而却是自古以来原始科学的一项事实。最近有位研究者提出了一个论断："幻术是丛林的科学。"显然，星相学以及其他各种占卜法可说是古代的科学。

由于我们事先都有心理上的准备，因此每天例行发生的事就自然很容易觉察。只有当事情发生的原因难以探究时，我们才需要运用到知识与技巧。一般说来，观察判断事物的职责都是由部落中最聪明的人承担。他该具备足够解释一切反常事物的知识，而且知道探究它们的方法。他是意外巧合方面的学者与专家，同时亦是其部族一切传统学问的保有者。在惧怕与钦佩气氛的笼罩下，他享有无上的权威，然而如果他部落中有人暗中知道邻近村庄中有一位远比他更神通广大的人，那么他就显得不那么伟大了。最有效的药通常很不易就近找到，而是愈远愈理想。我曾在一个部落住了相当长的时间，他们极敬重一位老巫医。不过，他们亦只是偶尔请他为人或牛治治小病而已。碰到了较严重的病况他们还是到其他村庄另请名医——高价把一位远住在乌干达的巫师（M'ganga）请来——这一点和我们的情况极相似。

意外巧合组合发生的数量多寡不定。一个古老的、屡试不爽过的预测天气法是，只要雨已连续下了好几天，那明天也一定会下雨。俗语说："祸不单行，"或说："不雨则已，一雨倾盆。"像这类的谚语便是原始科学。常人信之、敬之，受过教育的人则讥笑之——一直等到他遭遇不寻常的事。且让我举个令人难以置信的例子来说明好了。我认识的一位妇人，一天清晨突然被桌上的叮当声惊醒。向四周一看，原来是她的一个大玻璃杯碎掉了四分之一英寸宽。惊奇之余，她马上按铃要来了另一个杯子。约莫过了五分钟，她又听到了同样的叮当声，玻璃杯口又破了。此时她心更慌了，又要来第三个杯子。二十分钟后，杯子又破了。三个这样的意外事件持续不断地发生，对她的影响实在太大了。当场她便放弃了对自然因果律的信仰，搬出所谓的"集体表象"——她开始相信有某种绝对力在背后作祟了。像这样的事，许多现代人都曾经历过——只要不太顽固——尤其当他们碰到无法运用自然因果律解释得通的巧合事件时。像这种事件通常我们都试图否认。它们令人生厌是因为，它们常把这秩序井然的世界弄得天翻地覆，而且似乎使人忧心忡忡。其对我们的影响证明，我们的原始心理至今犹存。

大家都知道，原始人对于绝对力的信仰并非空穴来风，而是基于经验基础之上的。我们通称的迷信可从它们所集合在一起的巧合事件中得到印证。反常之事在时间与地点上有时的确很可能巧合。我们该记住一点，那就是，我们的经验是靠不住的。我们的观察不够充分使我们忽略了它们，因此，我们的判断便不当了。譬如说，当我们情绪极为低落时，我们绝对不会把下面的事看做是理所当然的：早上一只鸟飞进了你的房内，一小时后，你在街上看到了一场车祸，下午你的一位亲戚死了，晚上你的厨师把汤碗打翻了，当晚深夜后你又发觉自己把钥匙丢了。一个原始人是不可能忽略这其中的任何一件事的，因为他认为，每件事的发生正与他所预想的不谋而合。他是对的——远比我们所愿意承认的更有道理。他的预期得到了印证，亦达到了目的。他声称，这是个倒霉的日子，在这天里，他不能做任何事情。同样的事在今天我们一定会斥之为不可原谅的迷信，可是原始人却视之为天经地义的事。在原始社会中，人们更容易受到意外巧合的侵扰，而我们今日的生活则属于较有计划的、较规律的生活。当在旷野蛮荒里时，你就不敢作太过分的冒险。欧洲人是很容易了解其意义的。

当一个普韦布洛印第安人（Pueblo Indian）心中稍感不对劲时，他就不会去参加集会了。一位古罗马人于离家时在门槛上摔了一跤，他就马上会放弃当天的计划。在我们看来，这是很无意义的，可是处于原始人的生活情况下，这种征兆便很容易令人生警觉之心。当我不能很好地控制自己时，我的身体行动便似乎受到某种东西左右；我的注意力便容易分散，有点心不在焉；我就会撞到东西而摔跤、忘掉或丢掉东西。在文明社会情况下，这些只不过是芝麻小事；在原始森林中，这些却是致命的危险。如果在一座下面有许多鳄鱼的极湿滑的小桥上失足，是极危险的事。倘若我在野草蔓生的旷野中把罗盘丢了，或忘掉给步枪上子弹，又在丛林的路上碰到犀牛。假使我正在想事情，我很可能不小心踩到一条毒蛇。傍晚，如果我未及时穿上防蚊靴，十一天后，我可能死于赤道疟疾。在洗澡时忘了闭上嘴就可能感染致命的痢疾。对我们来说，注意力的分散确是很容易促成这类事件的发生。但原始人却认为，这些意外巧合都是受外物或巫术影响之下的。

不过，也许这不只是个心不在焉的问题。我曾经去过埃尔贡山区南部的基多希地区的卡布拉斯森林中旅行。在森林的荒芜蔓草中，我险些踩到了一条毒蛇，幸好及时跳开了。当天下午我的同伴打猎回来，脸色苍白，四肢直发抖。在白蚁山上时他几乎被一条从背后扑过来的七尺长南美眼镜蛇咬死。要是他最后时刻没用枪把它射死的话，他一定会死于非命。当天晚上九点钟时，我们的帐篷遭到了一群鬣狗的袭击，这些狗在前一天晚上已咬伤过一位睡梦中的同伴。虽然营火闪闪，狗还是拥入了厨师的房间，害他大声叫喊地翻过了栅栏。自此以后，整个旅途我们便安然无事。就这么一天的意外便足够为与我们随行的黑人提供话题了。我们认为，那只不过是几件接踵而至的意外事件而已，他们却偏偏要说，这些意外的发生都是我们在旅程的第一天进入荒山中曾经遇到的预兆所带来的。那天，我们连车带人都掉进一条试图穿过的河里。几个带路的孩子当场便互相使了眼色，言下之意似乎是说："嘿！这真是个好兆头！"出乎意料的是，我们碰到了一场赤道暴风雨，把我们个个淋得像落汤鸡之后，我发烧了，而且一连躺了好几天才恢复健康。在我朋友打猎回来差点送命的那天晚上，当我们几位白人坐在一块互相瞪眼之际，我不禁对他说道："我认为，似乎这些不幸早在很久以前就有征兆了。你还记得我们在苏黎世动身之前，你曾告诉过我一个梦吗？"那是个令人难忘的噩梦。他梦见正在非洲打猎，突然间遭受到一条大眼镜蛇的袭击，此时他便在惊慌中醒了过来。这个梦令他心里非常不安。因而他向我承认，该梦是个预期我们之中有人会死去的凶兆。当然，他确曾猜想说我会死，这种假设完全是因为，我们一向希望"死的是别人"。可是后来是他自己因生了一场极厉害的疟疾热病而去世了。

把这个故事说给住在没毒蛇、没疟蚊的地方的人听，是没多大意义的。他一定得费力去幻想，在赤道附近的一个夜晚，天空呈现一片蔚蓝，四周是一大片高耸入云的巨树原始森林，夜空下怪音从四面八方飘来，一堆孤火，步枪架放在火旁，此外还有蚊帐，有从沼泽里取来烧开的水可饮用，一位老非洲人在侃侃述说："这不是人的国度——这是上帝的天地。"那不是个人类称王的地方；那里的王是大自然——是飞禽走兽及植物、微生物杂生的国度。只有在这种地方，在这样的气氛笼罩之下，人才会了解那些只要换个不同环境便会被认为是笑话的事情为什么会成为重要事件的原因。那便是原始人天天所要面对的，充满着数不尽的恶作剧力量的世界。不寻常的事，他并不视之为儿戏。他得出结论说："这不是个好风水的地方。""今天不吉利。"——谁能猜得出他说这些话是要避免什么灾难？

"幻术是丛林的科学。"一个征兆可能马上影响到事情的进展方向，或令你放弃一切计划，或改变你的初衷。这些现象都是由于原始人认为偶然巧合的事可能会接踵而至，而且他们根本不晓得有所谓的心理因果律存在。我们今天得庆幸，由于只强调单方面的自然因果律，我们知道了怎么去分辨主观心理与客观自然的区别。就原始人而言，主体与客体都存在于外在世界中。当他遭遇到某种特殊事件时，并不是他受到了惊吓，而是事物本身是可怕的东西。这是种带有魔力的超自然力（mana）。我们认为是想象力或联想，在他看来却是某种源自外界的力量无形中影响了他。他的国家既非地理性的，亦非政治性的实体，而只是块充满神话、信仰、思考与感觉的领土而已，但是他本人对于这些东西的效能一无所知。他的脑海里充塞了认为许多地方"不吉祥"的恐惧。某地或某棵树上住了一位死者的灵魂；这个洞内有个会咬死任何靠近它的人的恶魔；山的那一边有条大蟒蛇；那座小山坡便是以前老国王的墓地；凡是走近此石头或那棵树的妇人一定会怀孕；那个浅水滩有一条蛇把守着；这株参天的古树会发出喊叫的声音。原始人是不懂心理学的。心理活动的发生与其运作的方式都是客观的、外在的。他相信他梦中的一切是真实的，因此梦便自然成为他关注的对象。为我们挑东西的埃尔贡人坚称他们从不做梦——只有巫师才会。于是我就向巫师询问，他宣称，自从英国人入侵了他们的国土以后，他便不再做梦了。他告诉我说，他的父亲曾有过很"大"的梦，梦见牛群走失到哪里，母牛在何处生小牛，战事何时会发生或瘟疫何时会流行。而目前只有当地的首长、司令才知道一切，而他们一无所知。他和某些巴布亚人（Papuan）一样很认命了，后者相信，大部分鳄鱼都已经投靠大不列颠政府去了。有一次，一个当地的犯人在逃脱途中要涉过一条河时，被一条鳄鱼咬得血肉模糊。于是，他们便认定，那是一条警察鳄鱼。他告诉我说，现在上帝已不再为埃尔贡人的巫医托梦了，而只在英国人的梦里出现，因为英国人握有了权柄。梦境已迁居他处了。当地土著人的灵魂亦时常游移他乡，此时巫医们便将他们像抓鸟一样抓回来关入鸟笼内；有时候也偶尔有陌生的幽魂迁入他们村庄，因而带来了病菌。

　　这种把心理活动加以投射的结果，便自然地使人与人之间或人与动物、事物之间产生了一种在我们看来不可思议的关系。一个白人射死了一条鳄鱼，消息传开后，马上就有一大群人从邻近的村庄赶来，非要他赔罪不可。他们说，那条鳄鱼就是他们村里的一位老妇人，那老妇人正好在开枪的那一刻死去了。另外有一个人射死了一只豹，因为它要吃他所养的一条牛，当时正好邻近的村庄死了一位妇人，而她和那只豹便又成了一体之物。

　　莱维-布律尔曾创立一个词"神秘参与"（participation mystique）以表达这些关系。我倒认为这 mystique 一字不太恰当。原始人并不把这些事当做是神秘的事来看待，而把它们当做极自然的事情。其实是我们觉得他们奇怪，因为我们似乎根本对于此种心理现象①一无所知。事实上，我们亦有同样的心理现象，只是我们所表现的方式较文明而已。日常生活中，我们总是自认为，他人的心理活动程序与我们的无差别。我们设想，自己觉得好的事物别人也同样觉得好，自己觉得不好的东西别人肯定也觉得不好。一直到最近，我们的法庭才开始采取较合乎心理学原理的观点，宣布承认有相对性犯罪的存在。一些没见识的人一直对于"朱庇特可做的，公牛不可做"（Quod licet Jovi, non licet bovi）②一句话大为愤慨。法律面前人人平等是人类最伟大的成就之一，是不可被废除的。我们一般人总有"宽以待己，严以待人"的恶习，因此常喜好责备他人、批评他人。此种现象其实是一种低等灵魂由一个人进入了另一个。今天的社会仍然到处充满了衣冠禽兽和替罪羔羊，这和过去到

---

① 即分裂现象和投射现象。

② 源于古罗马神话中关于朱庇特和阿革诺耳王的女儿欧罗巴的故事。意为朱庇特变化为公牛，神通广大，非同一般，它能做到的事，寻常的公牛是做不到的。——译者

处都是女巫与狼人的情形一样。

心理投射是心理学中最常见现象的一种。它和莱维-布律尔所谓的原始人的"神秘参与"是一样的。只不过是我们为之起了另一个名称,而且习惯上我们否认自己有什么责任。一切属于我们无意识里的恶习,都可从他人身上察觉出来,并且视之为我们缺陷的投射者。我们不再用毒药去害他,我们不再放火杀人或欺诈他人;可是我们却用道德律令去裁决他,让他身陷牢笼。我们设法要加到他身上的通常便是我们自己的缺陷。

其道理很简单,原始人之所以较易于进行投射,是因为他们的心理状态很单一,且缺乏自我批判的能力。在他们看来,万事万物的存在都是客观的,这一点从他们的语言里很明显地反映出来。我们可很幽默地在脑海里想象豹妇是什么样子。我们常把一个人比成一只鹅、一头牛、一只母鸡、一条蛇、一头公牛或一头骡子,像这样的不雅绰号我们都很熟悉。可是当原始人给某人加上个"动物灵魂"的名称时,道德判断的恶意是很明显的。对于古人这是很习以为常的;他们对于事物的感觉很强烈,因而不会像我们那么轻易去做。美国西南部山地的印第安人斩钉截铁地认定我是头图腾熊——换言之,他们说我就是一头熊——因为我下梯子的方法不像人一样地面向前,而是面向后,像熊似的用手爬下来。要是一位欧洲人说我酷似熊的话，他话里不会有太多的其他含义，至多在意义上有些微小的差异。在原始社会里碰见可能会令我们大为吃惊的"动物灵魂"主题，在今天的社会里当然只能算是个比喻而已。假若我们将这些意象作太具体的解释的话，我们就等于回到原始人的观念上了。譬如说，我们在医学上常用到的一句话"处理病人"，话说得更明确点，此句的含义是，把手放在病人的身上——用你的手应对他的病。这便是通常一位巫医救活病人的方法。

由于我们对于这种具体的看待事物的方法感到极为不可理解，因此，自然难以了解"动物灵魂"的含义何在。我们无法想象一个具体的灵魂由人体内部向外移出，栖息在一头野兽身上是怎么样一个情况。当我们把某人描绘成一头骡子时，我们并非说，他各方面都像一头四蹄骡子。我们只是说，在某方面，他有点像而已。我们不过是把他的个性或心理的一部分取出，然后具体化成一头骡子的形象。然而，对原始人而言，所谓的豹妇是真有其人，而她的灵魂便是一头豹。既然原始人认为，一切无意识的心理活动都是具体的、客观性的，他不怀疑一位被描绘成一头豹的人确具有豹的灵魂这一说法。倘若进一步而言，他甚至会说，像这样一个灵魂正以一头豹的形体栖息在树林中呢！

这种经由心理活动投射而带来的认同现象（identification）创造了一个世界，人不但在心理上，而且在形体上都容纳于此世界中。他与世界融合为一体。他不是世界的主宰，而是其中部分而已。例如在非洲的原始人还远未到达人力胜天的地步。他从未奢望自诩为创世主。在动物分类上他也不把人列为最高等，而以象最高，狮子次之，鬼怪或鳄鱼再次之，人及较低等的动物更次之。他从未梦想过要去统治自然；企图征服自然，努力发现自然的规则以找出可开启自然秘密实验室的钥匙等事都是日后文明人的想法。因此，文明人对于绝对力极为痛恶，千方百计地去否认它，唯恐这些绝对力的存在威胁他支配自然的企图。

总之，我们可以说，古代人的显著特色便是，他们认为意外巧合的不定性远比确定的自然因果律更为重要。意外巧合包括两个方面：第一，它们通常都接二连三地来到；第二，它们都是经由无意识的心理内容投射出来——换言之，即"神秘参与"，因而有其特殊的意义。然而，古人本身并没有这种观念，因为他心理活动的投射工作做得极为圆满，因而已与外在事物融合为一了。对他来说，某种意外事件是一种绝对的、预谋性的行为——是某种生命形态的干预现象——因为他没察觉到，反常事件之所以会产生影响，乃是由于他已为之添上了一层恐怖或惊慌的外衣。谈到此一问题，我们确实应该谨慎行事。美的事物是我们认为它美才变得美的吗？古往今来已有无数的伟大思想家绞尽脑汁去研究，是太阳本身照耀宇宙呢？还是由于人眼与太阳有某种关系存在呢？原始人相信前者，文明人则相信后者——直到目前为止，当文明人作过全盘思考后，便尽量把诗人的想象力摒弃。为了能很客观地了解世界，文明人把古人所采取的投射法完全排除。

在原始的社会里，一切事物皆有其精神。万事万物都染上了人类精神的因素——甚至可说，都染上了人类心理中的集体无意识，因为当时，不存在所谓的个人精神生活。于此，我们不可低估基督教受洗礼的含义，它在人类精神发展方面确实占有极重要的地位。洗礼赐予人类一个独立的灵魂。当然，我的话含义并非是说，受洗礼本身是一种施行一次便会生效的魔法。我是说，洗礼的观念可以把人类从与世界认同的观念中提升出来，使之得以超越世界。这便是洗礼的最佳意义，因为那是一种人类精神超越自然的象征。

在研究无意识的过程中有一个原则，只要有机会，每种个别独立存在的心理内容都会被拟人化。最好的例子莫过于疯子的幻象以及所谓的降神会。只要自主的心理成分被投射出来，无形的人便随时随地会出现。这一点可解释，通常招魂降神会的幽灵与原始人所看到的幽魂是怎样的性质。倘若一个人被投射了某种重要的心理内容，他便是超自然了——换言之，他已具有创造超自然的能力。他或她便成为一位巫师或狼人。原始人相信，巫医在晚上把走失了的灵魂以捕鸟的方式捉回笼中的现象，便是最好的说明。心理投射使得巫医具有超自然力；投射会使动物、树与石块讲起话来，因为它们就是心理的活动，它们会促使人去服从。难怪一位疯子常很可怜地受到想说话的欲望摆布。投射物便是一个人自己心理活动的代表。因为茫然无知，他不知道是他本人在说话，而认为自己只是一个会听、会看、服从他人的人。

从心理学的观点来看，原始人相信，意外巧合的绝对力是幽灵与巫师的意志表现这一说法确是极其自然的事，因为根据他了解的事实来判断，那是必然的结果。可是我们不要在这个问题上犯傻。倘若我们把科学观念述说给聪明的土著人听的话，他一定会觉得我们实在是迷信得可笑，根本缺乏逻辑的涵养。在他看来，世界是由太阳带来光明，而非由人类的眼睛。我认识一位美国西南部山区的印第安酋长，有一次他以极严厉的口吻责备了我，因为我说了奥古斯丁的教义：太阳不是神，神创造了太阳（Non est hic sol Dominus noster, sed qui illum fecit）。他手指太阳愤慨地说道："太阳是我们的父亲。你可以很清楚地看到。他是一切光与生命的来源，世上的一切都是他创造出来的。"他激动得说不出话来，最后他喊道："甚至是一个独自到深山里去的人，没有太阳也是无法生出火来的。"这句话充分地把原始人的观念表现了出来。控制我们人类的力量是来自外在的世界，只有凭借它，我们方能获取生存的机会。我们都知道，古人的心境至今仍然被保存在宗教思想里，虽说今天是个无神论的时代。更不必说今天的世界上还有不少人以这种方式思维。

谈及原始人对巧合事件无定性的看法时，我曾说过，这种态度有其目的与意义。不过，我们是否现在就应马上下结论说，原始人对于绝对力的观念是有事实根据的，而非仅仅建立于心理学观点的？这是耸人听闻的，可是我并不想自陷泥淖，以证明巫术确有其存在的道理。我只是希望将此种结论纳入考虑范围。如果我们暂且采信原始人的看法并进一步思考，认为一切的光都是来自太阳，物体之美存在于自身，以及人类的一部分灵魂是豹等观念，如此一来，我们也能接受超自然的观念。根据此观念，是美本身感动人，而非人创造美。某人性恶——并非我们把恶投射到他身上而使之性恶。很多的人——具有超自然力者——本身就具有这种本领，并非经由我们的想象力而促成的。超自然观念说明了，外在世界中存在着某种广泛分布的力量，产生了这许多不寻常的效力。一切的事物都是自我存在的、自我活动的，否则便不是真实的。存在均以力量为形式。因此，我们看到，原始人的超自然观念可以说是近似一种粗陋的能量论。

现在我们可以很容易地理解此一原始观念了。困难发生在当我们要进一步去研究其含义时，因为它把我上面所说过的心理投射过程完全本末倒置了。其含义如下述：并非我们的想象力或是敬佩感才使得一位巫医成为巫师的；相反，他本身就是一位巫师，是他将其魔力投射到我身上。幽魂并非我们心理的幻象，而是自己出现在我们眼前的。虽然就超自然观念而言，这种讲法是合乎逻辑的推理，我们却不敢轻易采信，我们仍想四处尝试寻出一种可解释心理投射的理论。问题是这样的：是否心灵——即精神或无意识——通常源自我们心中；是否在初期的意识阶段中，精神确是以随心所欲的绝对力形式存在于我们形体之外？是否它后来在心理的运行过程中才慢慢进入我们心中呢？是否那些互不连贯的心理内容——套句我们现代的用语——甚至是属于个人心理的一部分，根据原始观念认为，是否心理实体一开始即以幽魂、祖先魂魄等形状存在于人体之内？是否这些内容在发展的过程中，慢慢与人融为一体，以致日后渐渐在人体内部形成了一个我们所谓的精神世界？

这种整体的观念确实令人感到十分矛盾，不过我们还是可运用想象力去了解它。不单单是宗教教师，就是一般的教职人员亦都同意，我们可以将本来不存在于人心理的东西移入其内心。建议与影响是真有其效力的；甚至最现代的行为学派亦期望从这方面得到收获。复杂心理如何形成的观念以原始的形式表现在许多种信仰中——诸如着魔，祖先灵魂的化身，灵魂的移入等。当我们打喷嚏时，我们会说："上帝保佑你。"意思是："但愿新的灵魂于你无碍。"在成长的过程中，我们摆脱了无数的矛盾之后，塑造出一个完整的人格，此时我们会觉得，似乎是历经了复杂的整合，心理才如此形成。既然人体是由许多孟德尔单位（Mendelian units）中的遗传因子塑造而成的，那么如果我们说，人的心理亦是由同样方法形成的大概不会不成立吧！

今日的唯物论与前人思想之间可以说有其相似的趋向。两者似乎都有相同的结论，认为个人只不过是诸因相聚而成的聚集物；首先，人是自然因果的聚集物；其次，亦是意外巧合的聚集物。根据此两种说法，人类的个体本身是不算什么的，它只是客体环境偶然力量的产物。这显然是道道地地的原始世界观。根据此一观念，单一的个人不被认为是独一无二的，而是时时伴随着他物而变动的，是不能独立的。现代唯物论的这种对因果律的狭窄观点，可以说又回复到了原始人的观念。由于唯物论比起原始人显得较有系统些，因此亦较激进些。后者较不可调和；他具有超自然的特点。在历史的演化过程中，这些超自然者便被提升到神的地位；他们变成分享上帝荣耀的、吃下了长生不老药的英雄与国王。这种个人不朽与不死的观念，在原始社会中可找到，尤其是在他们对鬼神的信仰中，以及在有关死亡之神仍未因人之愚蠢或疏忽而降临世界之前的神话故事中。

　　原始人对于其观念的矛盾并不知晓。替我们挑行李的黑人告诉我，他们根本对死后可能的结果一无所知。他们认为人死就死了，他不呼吸了，他们就将尸体抬到丛林中，让鬣狗吃。白天他们是这样想的，可是到了夜晚，死者的灵魂就成了可能会为人畜带来疾病的魔鬼。这些魔鬼可能袭击或勒死夜行客，或干出许多令人胆战心惊的行为。原始人的心中充满了这么多的矛盾想法。他们也许会把一位欧洲人吓得魂不附体，可是欧洲人却从没想到，同样的事情亦可能在我们的文明世界中找到。我们有许多的大学认为，神的干预是不值得讨论的，可是却开设了神学课程。一位自然科学的研究者也许会认为，最微小的生物都是上帝所创造出来的这样的观念是荒唐的；可是，另一方面也许在星期日，他又是一位虔诚的基督徒。既然如此，我们为什么还要去介意原始人的前后矛盾现象呢？

要想从原始人的基本概念中导出任何哲理系统是不可能的。他们只能教给我们相互矛盾的道理。然而，凭借这些道理我们便能获得有关心理上的努力的无数材料，而且亦为古往今来的各种文明提供了思考的问题。原始人的"集体表象"的确是极深奥的现象，还是只能说是看起来深奥呢？我无法答复这个大难题，不过我可以把我个人在埃尔贡山区部族中所做的观察提出来作为参考。我曾经到过许多地方，想为宗教观念与宗教仪式寻出一点线索，可是一连好几个星期下来，我一无所获。当地的土人允许我去参观他们的各种仪式庆典，毫不保留地为我提供参考资料。我可以不需经由他人的翻译和他们交谈，因为他们有许多年纪较大的人都会讲斯瓦希里语（Swahili）。起初他们还有些不情愿，可是距离拉近后，他们便对我礼遇有加。关于宗教的习俗他们一无所知。但是我不放弃希望，后来，经过了许多次交谈后，终于有一位老人大喊道："早晨，当旭日东升时，我们走出茅屋，然后把唾液吐在手心上，举向太阳。"我请他们做给我看，并且要他们仔细加以说明。于是，他们便把手置于嘴前，用力把唾沫吐在手心上，然后把手翻转过来，手掌面向太阳。我要他们说明其意义何在——为什么要吐口水在手心上。我的问题毫无意义，因为他们回答我说："我们向来就是这么做的。"无法得到满意的答复，但我深信，他们只知在干什么，却不知为何要这么做。他们对于自己的行动看不出意义来。他们在迎接新月时亦运用同样的方法。

　　现在且让我们假设说，我对苏黎世完全是陌生的，到该城来的目的是探索当地的风俗习惯。首先，我在郊外的某个人家中住下来，开始和这里的邻居们交往接触。之后，我向米勒和迈耶两位先生说："请告诉我一些你们的宗教习俗。"两位先生都惊讶不已。他们没上过教堂，因此不知教堂的事。他们还特别强调，他们根本没施行过什么宗教习俗。一天早上，我突然去拜谒米勒先生，他正好在花园里忙着，想把彩色蛋藏起来，而且在堆一些奇形怪状的兔子偶像。我当场抓住了他。我问他："你为什么一直都把这么有趣的仪式瞒着我呢？""什么仪式呢？"他反驳道。"这并不算什么。在复活节期间，大家都这么做啊！""可是，这些偶像与彩色蛋的含义何在呢？你为什么要把它们藏起来？"米勒先生一时无言以对。他一无所知，也不知圣诞树的含义究竟何在，然而他仍然做这些事情。他等于就是一个原始人。而住在远离文明的埃尔贡山区的人难道就知道他们行为的意义吗？当然不可能。原始人行其所行——只有文明人才能知其所行。

到底上述埃尔贡山区人所施行的仪式意义何在呢？显然，就土著人而言，那是他们把太阳视为超自然的神明而在向它致敬的行为，是在旭日东升之际举行的。至于他们把口水吐在手心上的行为，根据原始人的信仰，代表某种个人魔力的东西，象征健全、祈求或支持生命的力量。他们在手上所吹的气代表风与灵魂——那便是 roho，相当于阿拉伯语的 ruch，希伯来语的 ruach，希腊语的 pneuma。其动作含义为：我把活灵献给上帝。这是个无声但有动作的祈祷，说出来则是这样的："神啊！我愿以我的活灵献给你。"到底这只是种恰好这样发生的行为，或是早在人类生存于世以前即已被孕育出来的思想呢？我无法答复这个问题。

心理学与文学

　　既然心理学是一门研究精神历程的科学，其影响文学的可能性当然是不言而喻的，因为人类的心理本是一切科学与艺术之母。我们期望，心理学的研究一方面可解释一件艺术作品是如何形成的，另一方面亦可揭示使一个人产生艺术创作才华的因素。因此，心理学家就面临两大不同的任务，而且需要以完全不同的方法去加以探讨。

　　有关艺术作品方面，我们须探讨一件经由极复杂的心理活动而创造出来的产物，这应该是一件经由意愿与意识共同塑造而成的产物。至于艺术家方面，我们则须研讨精神结构的本身。就前者而言，我们必须尝试运用心理学的分析方法去研究一件特定的、具体的艺术品；就后者而言，我们分析的则是一个活生生的、富有创作力的独特人格。虽说此两件工作是息息相关的，甚至可说是互依互存的，可是想要研究其中之一而导出另外一个的答案则是不可能的。当然，也许研究他的一件艺术品可能推断出有关该艺术家的情况，或研究艺术家可了解其艺术品，然而经由此法所获得的结论不可能是完整的，充其量只能当做是可能的猜测或侥幸的臆断而已。了解了歌德与其母亲的关系当然可对我们了解浮士德的感叹语——"母亲——母亲，这话听来多美妙啊！"有所裨益。可是单凭歌德与其母亲的依恋关系，我们无从得知他为何会写出《浮士德》，不论我们对于他本人与其母亲的关系多么确定。相反，我们从《浮士德》作品下手去探讨歌德本人亦是徒劳无功的。从《尼贝龙根的指环》（*The Ring of the Nibelungs*）一剧中，我们无法觉察或推知瓦格纳常喜着女装的事实，虽说尼贝龙根的男性英雄世界与瓦格纳本人所具有的某种病态的女人气质之间着实有相当的隐秘联系。

以现阶段心理学的发展情形，我们不可能如同其他科学一样，希望确知精密的因果关系。只有在有关"心理-生理本能"（psycho-physiologic instincts）与"反射"（reflex）等方面，我们才能很自信地运用因果律的观念。心理生活发端的地方—— 一种非常复杂的层面——心理学家应将这许多心理活动及其具有的复杂与曲折、深奥的特性，生动地描绘出来。在做这件事的时候，他该避免去认定确定无疑地存在着的精神历程。倘若不这么做，或我们相信，心理学家一定有办法将一部艺术作品及其创作过程的因果关系加以揭露，那么他不是会使艺术的研究无处容身，萎缩成为他自己那套科学的附庸而已吗？诚然，心理学家绝不会放弃对复杂的心理活动及其因果关系的追寻，否则心理学便无从存在了。然而，他却不该过分执着于此一原则，因为可以在艺术作品里表现得最透明的生命的创作层面，是远超越一切以理性可理解的努力。也许任何受刺激而形成的反应都可用因果律来解释，可是与单纯的反应大相径庭的创作行为将永远不是人类所能了解的。我们仅能描述其表现形式；我们仅能模糊地感受着，却不能全盘地了解。心理学与艺术的研究应该不断互相切磋，两者之间不存在争斗。心理学中的重要原则是，心理行动的原因是不能推论出来的。而艺术研究的原理则是，不论该艺术作品或艺术家本人有什么问题，心理上创作本身是有价值的。这两个原则之间虽不乏相异之处，却是有道理的。

一、艺术作品

心理学家与文艺批评家在评判一部文艺作品时，在方法上是有根本差异的。对于后者而言重要或宝贵的东西对于前者也许根本无关紧要。价值观非常暧昧不明的文艺作品通常对于心理学家而言都有极大的吸引力。例如，"心理小说"不一定如文学家所以为的，都能得心理学家的珍视。就整部作品而言，像这类的小说本身说明得很清楚了，作品本身已经完成了心理学的解析工作，心理学家充其量只能为之增添一点批评补充而已。关于一位特定作家如何创作出一部特定作品的大问题，笔者在此还不拟作答，到本文后半部分再讨论。

让心理学家觉得最有价值的小说便是那些作者未曾为书中角色做任何心理解析的作品，唯有这类小说才有待他加以分析、解释，其表现的体裁才值得他去研究。这类小说的最佳例子如伯努瓦的小说，哈格德①风格的英国虚构小说，其中以柯南道尔②所创，后来极为风行的侦探型小说最有名。笔者认为美国最伟大的小说，梅尔维尔的《白鲸》，亦可归入这一类。生动有趣，但不带有心理学式叙述的故事便是最能吸引心理学家的

---

① 赖德·哈格德（Sir Henry Rider Haggard，1856—1925），英国小说家。他最著名的小说是《所罗门王的宝藏》和《她》。——译者
② 柯南道尔（Sir Arthur Conan Doyle，1859—1930），英国小说家，于一九〇二年受封为爵士。一八九一年，他因在《斯特兰德》杂志连载的侦探小说《福尔摩斯探案》一书闻名于世。——译者

作品。此类作品故事的基础都建立在一种隐晦的心理学架构上，作者从字里行间不知不觉自然展露出来，单纯而清晰，经得起严肃的批判。相反地，那些心理学式小说的作者却常企图将其素材改头换面，将之从极粗陋的水平提升至可称为心理学式解说与表现的程度——这种手法，通常的结果都导致作品本身的心理学意义更加含糊，甚至令人不知所云。许多外行人便是根据此种小说而研究"心理学"的；可是心理学家认为最富挑战性的小说却是另外一种，因为唯有他才有资格探讨更深一层含义。

上面所谈论都是针对小说而言，而我要研究的心理学事实不单单限于该特殊文体创作。从诗里我们亦将有相同的发现。此外底下我们所要谈论的《浮士德》戏剧的上下两部亦是如此。格蕾辛的爱情悲剧是自我解读的；既然诗人自己已经有费尽心血的描述，心理学家是不须再费口舌了。可是第二部的情况则不然，确有解说的必要。当诗人淋漓尽致地发挥其创作力与想象力的时候，解说的工作便无暇兼顾，读者此时便急需有人来作详尽的说明。《浮士德》上下两部以一正一反的极端方法将文学作品在心理学上的差别说明得很清楚。

为强调这种区别，我想称其中之一的艺术创作体裁为"心理学式的"（psychological），另一种则为"幻觉式的"

（visionary）。"心理学式"的以处理取材自人类意识界——一般诸如生活教训、感情的波动、苦痛的经历与人类的命运——为主，这些都是人类意识生活以及情感生活的组合。这些素材经由诗人在心理上的同化融合，将原本的日常事件提升而且组合成诗意的经验表达出来，以使读者有种豁然开朗、洞察人生真谛的感觉。从诗中，他可觉察到他过去逃避的，或忽略的，或不乐意看到的事件。诗人的作品是要解析并且启明意识的内涵，以及那些反复出现的，不可避免的人生喜、怒、哀、乐的经验。他已不需劳驾心理学家，除非我们需要麻烦后者来解说，浮士德爱上格蕾辛，或格蕾辛谋杀其子的理由。这些都是构成人类命运的主题；它们千万次重复出现，同时也可说明警察法庭与刑法之所以千篇一律的原因。这类作品不会有什么费解的，因为作品本身已有明晰的交代了。

属于这一类的文艺作品成千上万，数不胜数：许多谈论爱情、环境、家庭、犯罪与社会的小说，另外那些说教诗、抒情诗、悲剧与喜剧等都是。不论其文体如何，"心理学式"的艺术作品，其题材都是取自广博的人生意识经验——即取自人生中最生动的前景部分。我之所以称这种艺术创作形式为"心理学式"的，原因在于，其创作活动并未超越心理学所能理解的限度。它所包含的一切——诸如经验及其艺术表现，都是可理解的。虽说其基本经验本身也许是非理性的，却不是属于怪诞的；相反，它们是自古以来人人皆知的——诸如激情与其注定的后果，受命运摆布的人类，既美丽又恐怖的永恒大自然等。

《浮士德》第一、第二部于是便成为"心理学式"与"幻觉式"两种艺术创作体裁的最佳分野。后者的条件恰巧与前者成鲜明的对比。"幻觉式"的艺术创作素材不再是人人耳熟能详的，其本源来自人类的心灵深处，它说明了我们与洪荒时代在时间上的差距，同时亦给人一种有明暗对比的超人世界的感觉。那是一种人类无法了解的原始经验，因而人亦常有受其驱使的危险。它的价值与力量在于它的广大无边。它来自无限久远的从前，令人感到陌生、冷峻、无边际、魔幻、光怪陆离。它是无边混乱中狰狞荒谬的写照——套句尼采所说的话，是一种"冒犯全人类的大罪"（crimen laesae majestatis humanae）——它使我们人类的价值与艺术体裁标准支离破碎。面对那些非芸芸众生或贩夫走卒所能领悟其含义、了解其真谛的奇形怪状的异象，艺术家必须具备的并不仅仅是从日常生活经验中汲取的肤浅教训而已。像这类的经验根本无法揭示隐藏在宇宙背后的秘密，而且亦无法超越人类能力范围的疆域，这些经验可以说是为艺术家准备好的现成素材，虽说对于个人而言也许会惊讶不止。可是原始经验却能把那绘有秩序井然图画的帘幕从上至下掀开，让人瞥见那仍然未成形的无底深渊。是否那是一个世外桃源的幻景，或是朦胧化的灵魂幻象？或是早在人类诞生以前混沌初开的景象？或是仍未降临的未来梦想？我们既不能否认，亦无法肯定。

> 成形——再成形
> 永恒精神不断地运行

在《赫马牧人书》里，在但丁的作品里，在《浮士德》的第二部里，在尼采的狄奥尼修斯式的华丽的文字里，在瓦格纳的《尼贝龙根的指环》里，在施皮特勒①的《奥林匹亚之春》里，在布柏麦克的诗行里，在修道士科隆那的《波利菲里之梦》里，在柏麦哲学性及诗意的喃喃细语中，我们都可发现像这类的幻象。此外在哈格德所著系列小说《她》里，原始经验以更受限且更特殊的形式出现，相似的情况在伯努瓦的著作，

---

① 卡尔·施皮特勒(Carl Spitteler，1845—1924)，瑞士诗人兼小说家。一九〇〇年至一九〇五年之间，他从事史诗《奥林匹亚之春》的写作，该诗成为一九一九年他获得诺贝尔文学奖的主要作品之一。——译者

尤其是他的《大西洋》里，在库宾的《另一方面》里及梅林克的《绿脸》——此书的价值不应被低估，在格茨[1]的《没有空间的王国》里，以及巴拉赫的《死亡之日》里都出现过。其他的例子不胜枚举。

论及"心理学式"艺术创作体裁的问题时，我毋需过分介意其构成的素材及含义。可是一谈及"幻觉式"的创作体裁时，我们便不得不考虑此问题了。一接触到此种作品，我们会惊讶不止，不知所措，惊觉甚至感到厌恶——同时我们需要评论、解说。读完这类小说，我们心中不会想到日常的生活，而是回忆起我们做过的梦、黑夜的恐怖以及那些时常令我们忧心如焚的疑虑。大部分读者都不喜欢这类作品——除非它们是曾经轰动一时的——甚至于文评家都感到伤透脑筋。但丁与瓦格纳的确已为我们开辟了了解它们的路径。就但丁的情况而言，其幻觉经验已被史实掩盖；而瓦格纳则以神话加以粉饰，由此可见，历史与神话都是诗人们利用的创作素材。可是他们作品的感染力与深刻意义却不是凭借这些历史与神话，他们所凭借的是幻觉与梦想。一般而言，虚构小说的开山鼻祖都推哈格

---

[1] 格茨（Goetz，1885—1954），德国戏剧作家，其功劳主要在于二十世纪戏剧发展史中，为德国复兴了历史剧。——译者

德。然而，对他来说，故事也只是表达其主题的媒介而已。不论故事就整篇小说而言所占的分量多大，主题的重要性通常都要更大些。

　　"幻觉式"作品的素材来源所具有的朦胧性确是相当奇怪，它与"心理学式"的创作体裁可以说正好相反。我们甚至会怀疑，这种朦胧性是故弄玄虚的。我们很自然地猜想——弗洛伊德式的心理学鼓励我们如此做——这种怪异的暧昧背后一定隐藏有某种较高程度个人的经验。据此，我们想对于这些怪异朦胧特征加以说明，而且亦要借此探究出为什么我们常觉得，诗人都故意把他的重要经验瞒着我们的原因。这种想法与认定艺术皆为病态与神经质的表现的说法已相去不远了——诚然我们常能从幻觉艺术创作者的素材中发现某些与疯人妄想相似的特色。反之，我们常从许多神经病者的作品中发现某些可比拟天才作家作品的含义。因而弗洛伊德派的心理学信徒也许会认为，伟大的作品都只是病理学上的问题。倘若他们认为，我所谓的"原始幻觉"背后所隐藏的个人经验即是那些无法为意识所接受的经验的话，他一定会把那些奇异意象解释为虚伪表象，而且认定，这些意象是某种基本经验故意隐藏自己的代表。在他们看来，这一定是某种从道德或美感上和其个性无法达成妥协，或至少是和意识界某些伪装部分发生冲突的爱情方面的经验。由于诗人，通过其自我，可能潜抑其经验，使之面目全非（沦入无意识界），因此那病理性的妄想便受刺激而采取行动了。此外，更因这种尝试以伪装来掩饰真相的企图得不到满足，必须经由一连串的长期创作重复表现它的企图。这就是为何想象的文体那么奇异，那么可怕，那么多具有魔力、怪诞、反常的作品会层出不穷的原因。这些不但是难为人接受的经验的替代物，而且是帮助去掩护这些经验的东西。

虽说有关诗人个性与心理倾向的讨论我将于稍后才会讨论到，可是我实在禁不住在此提到了弗洛伊德对于"幻觉式"作品的看法。它是唯一引起人们广泛注意的，试图为幻觉作品素材的来源作"科学性"解释的努力，而且弗氏亦是唯一广为人知的试图要整理出一种理论以解释该创作体裁精神历程的学者。由于我个人对于此一问题的看法仍然鲜为人知，因此，现在我将简要地阐明我的观点。

倘若我们坚称幻觉的来源是个人经验的话，那么，便得称幻觉是次生的，是现实的代替物。如此一来，我们势必将幻觉的原始性剥夺了，而且只视之为一病征而已。于是那无所不包的混沌境界竟萎缩成精神的纷扰。如此一来，我们又能心安理得地回归到那井然有序的宇宙里了。虽然我们都讲求实际与理性，然而我们知道，宇宙是不完美的；我们只能接受这些称之为反常和疾病的无可避免的不完美，承认人性无法免除这些痛苦。对令人无法了解的深渊的可怕揭示被斥为错觉，而诗人只被当做是这种妄想欺骗的制造者与牺牲品。诗人们认定，其原始经验是"人性"的——因为太有"人性"了，因而他无法去面对它，只好掩饰它。

我想，我们该把艺术创作形成因素归于个人的理论含义弄清楚。我们应清楚地看到它引我们走向何方。这种说法令我们不再需要去为艺术作品作心理学的研究，而只需探讨诗人的心理倾向问题。后者的重要性是不可否认的，可是艺术作品也有其应有的地位，是不该被忽视的。创作品对于诗人而言意味着什么问题——不论他视之为小事一桩，或某种掩饰，或成就，或痛苦的来源——都不是我们目前所要涉及的，我们的任务是，站在心理学的立场去解析艺术作品。为此，我们现在该慎重地来讨论作品里的基本经验问题——作品的幻象问题。至少我们应该以讨论"心理学式"的艺术创作体裁所具有的态度去讨论才行，因为这些经验的实际性和严肃性同样是不容置疑的。确实，幻觉乍看之下与人类命运扯不上关系，因此，要令人信服地说明它是实际的存在不是简单的事。它常令人将暧昧的形而上学与神秘主义联想在一起，因而我们势必要运用严肃理性的方式来处理它。我们的结论是最好不必将这些事看得太要紧，以防世界又回复到一个充满愚昧迷信的时代。也许，我们对于神秘都有点癖好；可是我们平常都把幻象的经验斥为是丰富的幻想与诗兴浓厚带来的结果——从心理学上讲，纯粹是诗人的专利品。有不少的诗人很赞成这种说法，因为如此一来，诗人与其作品可保持一个安全距离。例如，施皮特勒便极力主张，不论诗人所歌唱的是"奥林匹亚之春"，或是"五月已来临"的主题，是没什么差别的。事实的真相是，诗人亦是人，诗人于其作品中所要说的话往往远非清晰明了。因此，我们的任务只是，为幻觉经验做辩护（即加以解说使其明朗化）以使之与诗人本人的模糊对照。

　　毫无疑问，从《赫马牧人书》、《神曲》及《浮士德》三部作品里我们确可获取最原始的恋爱经验——一种唯有凭借幻觉方能实现的经验。《浮士德》第二部缺乏或掩饰了如同第一部中的正常的人类经验的说法是没根据的，认为歌德着手创作第一部时是正常的，而写第二部时便患有神经症的说法亦是荒谬的。赫马、但丁与歌德可说是近两千年来人类发展历程的三大飞跃，从每个飞跃中，我们发现他们的个人恋爱轶事不只和更重要的幻觉经验息息相关，而且亦附属于该经验之下。鉴于艺术作品本身所具有的此种力量使得在此情况之下，诗人特殊心理倾向的问题已不再具有重要性，因此，我们必须承认，幻觉所代表的经验比起一般的激情要更深刻、更感人。我们不应将这类艺术作品拿来和其创作者混为一谈，而且不论理性偏执者的看法如何，我们有把握说，幻觉确是一种实际的原始经验。幻觉并非后来生成的或是次生之物，更非某种病征。它是真正的象征性表现——即表现某种本身有其存在合理性，却不是让人全部明了的东西。恋爱情节是一种经实际感受过的体验，幻觉亦然。我们无需追问，到底幻觉的真正内涵是形体的、心理的或形而上的。它本身是精神的，但其实在性并不比物理现实差多少。人类的情欲包含于意识经验范围内，而幻觉却超越意识范围。对于我们所知的东西，我们运用知觉去体验，而对于那些本质上神秘的未知与隐秘的东西我们则凭直觉去体会。即使这些事物意识化了，它们仍然故意有所保留，有所隐晦，因而从人类早期就被视为是神秘的、可怕的、有欺骗性的东西，不是肉眼所能觉察出来的，而人亦因恐惧而避讳它们。人们利用科学的盾牌与理智的甲胄来防御自己。他的启蒙是由恐惧而催生的；白天他相信世界是井然有序的，而夜晚他便尽量坚定此一信心以抗拒周遭的恐怖气氛。倘若万一有某种生命活动的界限超越我们的白天世界的话，我们要怎么办呢？是否人类的需求是危险的，不可避免的呢？是否有某种比电子更富有含义的东西存在呢？我们自信拥有并掌握着自己的灵魂是自欺欺人吗？是否科学上所说的"心理"其实不单单只限定于脑壳内的未知物，而是一扇通往另一世界的门径，时常有怪异、难以捉摸的力量出现，扰乱人的宁静心灵，仿佛拍动着夜之翅膀，将人从现实世界带入另一超人的境界？我们谈及幻觉艺术创作问题时该知道，恋爱情节只不过是作者用来作为发泄的渠道罢了——个人经验在《神曲》里除了作为前奏曲之外别无他用。

和人生阴暗面有所接触的并不只限于此种艺术的创作者，所有的预言家、先知及启蒙大师们都包括在内。不论该阴暗世界有多么的神秘，它仍非全然陌生的。自从远古洪荒以来，人类便对它有所了解了——到处都能见到它的身影；就今日的原始人而言，在其心目中它也是构成宇宙不可缺少的一部分。只有我们因为对迷信与形而上学怀有戒心，企图建立一个由自然法则维持，有如成文法统治下的共和国一般秩序井然的意识世界，所以我们遗弃了那个黑暗世界。然而，在我们之中的诗人，却不时瞥见那些黑夜世界的人物——幽灵、魔鬼与神祇。他深知，某种超越常人可及范围的东西是人生而具有的秘密；他能预知在天庭中发生的不可理解的事件。总之，他看到了那令野蛮人和原始人不寒而栗的心理世界。

自从有人类社会以来，人类企图用固定形式表达隐藏于内心的感受的痕迹便处处可见。甚至在刻于罗得西亚悬崖上的旧石器时代壁画里，我们看到在许多栩栩如生的动物形象图案旁边有个双十字——画在一个圆圈内。像这类图案几乎在每个文化区域中多多少少都可找到，今天我们不但从基督教的教堂里可以发现它的存在，就是在西藏的寺院里亦同样有类似的图案。那便是所谓的太阳轮，早在无人知道把它利用为机械工具时就存在了，其渊源不可能是来自外在世界的经验。相反，它是代表某种心理行为的象征物：它统摄一切内在世界的经验。而且，毋庸置疑，它与背上画有食虱鸟的犀牛形象一样生动。自古以来，每种原始文化都各有一套秘密教义体系，许多文化里这种体系特别发达。男人的聚会与图腾族等组织中都保有许多人们在平常见不到的秘密教义，远自原始时代，这些东西便早已成为人类最重要经验的一部分了。像这类知识一般都经由成年入会礼传给下一代的年轻人。希腊罗马文化世界中的宗教仪式亦与此相仿，古代的神话便是人类发展的最初阶段中此种经验的遗迹。

因此，诗人为求恰当表达其经验就非求取于神话不可。认为他这种取材法是一种拾人牙慧的话，便是严重的错误。原始经验是其创作力的源泉；它深不可测，因此便需要借助一层神话意象的形式。它本身从不以文字或意象出现，它只是一个可"从镜中约略"瞥见的幻象。它是一种深层的预感但有表达自己的强烈冲动。它像是一阵龙卷风，风力所及，卷裹一切触及的东西并带向上层，它便现出可见的形态。既然任何特定的表现法都不可能将幻觉彻底表达，有时内容反而显得不够充实，因此倘若一位诗人期望表达出其内在感受的话，他必须尽量搜集更多的素材才行。他甚至必须诉诸一个极难以处理，而且本身充满矛盾的意象，以表现其幻觉本身所具有的怪诞矛盾。但丁便是运用那统摄天国与地狱的意象而达成其表现欲的；而歌德却将布洛克斯堡与古希腊的冥府都应用到他的作品里来；瓦格纳则借助于所有北欧的神话；尼采的文章模仿传教士们的风格，因而亦重新塑造出史前传统里先知的姿态；布莱克自己创出了许多令人无法描绘的人物，施皮特勒则赋予其想象的新人物以许多古老名字。上自天国下至地狱，一切的神圣、怪异形象都被包括在内。

　　面对着这些五彩缤纷的意象，心理学只能做将所有素材加以整理分类、比较、冠之以专门术语的工作而已。根据这种专门术语，出现在幻觉里的便是集体无意识。我所谓的集体无意识所指的是某种经由遗传塑造而形成的心理气质；而意识便是由此而生的。从人身体的结构中，我们仍可找出进化早期阶段的痕迹，以此类推，人类灵魂的构成元素一定亦是根据人种进化学原理而形成的。事实情况是，当意识暂时受到了蒙蔽——

在梦中，不省人事状态时及发疯的情况下——那些带有心理发展一切原始阶段的特征的精神与内容便蜂拥而至。由于意象本身所具有的原始性，我们推断，其来源是古代的秘教教义。至于渲染了现代色彩的神话论题则是屡见不鲜的。这些集体无意识表象对于文学研究最有贡献的是，它们与意识态度互补。换言之，这些表象可平衡意识所带来的偏见、反常或危险状态。从梦中，我们可以很清楚地观察到其较实际的真相。在精神错乱的情况下，此种补偿程序一般来讲都极为明显，只不过方式是否定的而已。例如，常常有某些人因忧虑秘密的暴露而自绝于世，不与任何人来往，可是有一天却发现，他们视为最隐秘的东西，却已众人皆知，且公开谈论，毫不以为异。①

当我们研究歌德的《浮士德》时，撇开该剧作是作者意识态度补偿现象的问题不谈，我们还需回答如下的一个问题：到底该作品与其时代的意识观有什么关系？伟大的诗篇都取材自广大的人生，要是我们置之不顾，仅想从作品里发觉其个人因素，我们便将全然错失该剧作的深义。当集体无意识是一种活生生的经验，而且亦是该时代意识观的象征的话，那么便可成

寻求灵魂的现代人　心理学与文学

① 请参阅一九二八年纽约哈考特·布雷斯出版社出版的《对分析心理学的贡献》一书中由笔者所写的"心灵与地球"一文。

为对当代人民生活有影响力的作品。一部艺术作品应该能真正给予后代子孙以启示。因此，《浮士德》才能震撼每位德国人的灵魂，但丁的声望方能不朽，同时《赫马牧人书》却没有被纳入《新约全书》的正经。每个时代各有其特殊的偏见、特殊的嗜好与心理缺陷。一个时代像是一个人；它有其意识观的缺点，因而需要补偿与调节。集体无意识影响而促成了如下事实：诗人、先知或领袖不知不觉间都要受到当代使命之托，他以语言或行动指出一条每个人冥冥之中所渴望、所期达成的目标与大道——不论此目标所带来的结果是好是坏，是拯救了还是毁灭了其时代。

要为当代下断语通常都是危险的，因为眼前的事都庞大得令人无法一窥全貌。这一点我想仅加以简单的说明。科隆纳的作品便是以梦的方式写成的，而且亦是人与人间自然爱情的礼赞；在不鼓励过分放纵感官的前提下，他把基督教的结婚圣礼完全置之不顾。该作著于一四五三年。哈格德在世时正逢维多利亚盛世，于是便利用此一题材，以其特有的手法加以处理；他不利用梦的方式表达出来，而是让读者实地去感受道德冲突的压力。歌德将格蕾辛、海伦、格罗廖沙等角色用红线穿织成一块五彩缤纷的浮土德花毡。尼采宣称上帝已死亡，施皮特勒将神祇们的盛衰转喻成四季的神话。不论地位重要与否，每位诗人都道出了千万人的心声，预言了其时代意识观的变化。

二、诗人

就像意志的自由一样，创造力亦含有秘密。虽说心理学家有办法将这些表象描述成心理过程，但他仍然解决不了其中的哲理问题。富有创造力的人是个谜，我们尝试从不同的角度去解答，可是一无所获。然而现代心理学家却不因此感到气馁，从未失去不停去探讨艺术家及艺术作品的信心。弗洛伊德自以为已经找到了一条线索，即从艺术家个人经验着手去研究作品的过程①。当然从这方面下手也许有点希望，因为，我们想象得到，一部艺术作品正如神经症一样，其根源是可归诸我们心理生活中的情结的。神经症的因果关系根源于心理领域的讲法——即将其原因归于情绪状态以及真正的或想象的孩童时代的经验——是弗氏的大发现。几位弗氏的高徒，像兰克和斯特克尔等人，都选取某些相关的部分作为他们研究的目标，其收获可算不少。毋庸置疑的，诗人的心理倾向可能遍布他的整部作品。认为个人因素可能大大地影响到诗人的取材与处理方法，实际上并非新奇之论。不过，弗洛伊德学派为我们指出了

① 原注：请参阅弗氏"论詹森的《格拉迪瓦》"及"论达·芬奇"两篇文章。

此影响力之所及及其表现的特殊方法，功劳确是不可磨灭的。

　　弗氏认为，神经症便是直接满足的替代。因此，他说这是一种病是不妥当的——应视之为一种错误、搪塞、托词、无辜的伪装。在他看来，这些都是完全可避免的缺陷。既然从各方面说来，神经症是毫无意义的、荒唐的，只不过是种令人不耐烦的不安现象，因此几乎没人会为它说句好话。而倘若我们从诗人某种压抑的角度去了解一部艺术作品的话，那它和神经症的关系可以说有点接近了。就某种意义而言，这种关系是自然的，因为弗洛伊德派亦将哲学与宗教视为同样的道理。倘若这种手法只是作为解释，个人因素对于一部艺术作品有举足轻重地位的话，亦无可厚非。然而如果说这种分析法足够说明一部艺术作品的一切，那就值得商榷。作者的个性在一部艺术作品中所占的分量并非很重；事实上，如果我们花在讨论这些特性上的时间愈多，我们便与艺术作品的问题愈远了。一部艺术作品的价值最主要在于能超越个人生活范围，而且诗人该以其肺腑之言代表全人类倾诉。在艺术的领域里，作者的个性成分是一种限制——甚至可以说，是种罪恶。一部纯粹个性化的"艺术作品"根本就是一种神经症的表现。当然，弗氏主张，艺术家一向都很自我陶醉——他们都是一些发育不全，带有孩童期的自恋特征的人——或许有几分道理。这种说法的实际性只在于，艺术家确实是一个人，但和他作为一个艺术家毫不相干。就一位艺术家的含义而言，他既不自恋，亦不他恋，更不是色欲的。他是客观的，无我的——甚至可说是非人的——因为作为一位艺术家，他便是他的作品，而不仅仅是一个常人了。

每个富有创造力的人都是一个双重或多重人格的综合体。一方面，他是有个人生活的人，另一方面，他亦是一种无我的、创造的过程。既然作为一个人他也许是健全的或病态的，那么我们便有研究其心理结构以找出其个性决定因素的必要。可是要明了其作为一位艺术家的能力，我们只有从探讨其创作成果下手。如果我们企图从个人的因素去解释一位英国绅士、一位普鲁士官员、一位红衣主教的生活方式的话，那么，我们势必会犯可悲的错误。绅士、官员与牧师等角色所具有的去个性化的功用及其心灵结构的构成带有特定的客观性。我们须知，一位艺术家并不能像一位官员那样发挥其职责——反之更是如此。一位艺术家属于我上面提过的许多类型中的一种，对于一位具有特殊艺术才能的艺术家，其精神生活所具有的集体性通常都远超过个人性。艺术是某种人类与生俱来的本能，栖息于人的内部，并且利用它作为表达的工具。因此，艺术家是不自由的，是不能随心所欲的，他是一位受艺术利用而实现其目标的媒介。作为一个人，也许他亦有他的情绪、意志与个人的目标，可是作为一位艺术家，他却是一个具有较高含义的"人"——他是一个"集体人"（collective man）——一位带领并且塑造全人类无意识的心理生活的人。为了履行此一艰巨的任务，有时他得放弃享受常人应有的生活。

正因如此，无怪乎艺术家会成为以分析法为主的心理学家特别感兴趣的研究对象。艺术家的生活充满着冲突与矛盾，因为在他的内心深处有两种互不相容的力量——一方面是对快乐、满足与生活安定的渴望，另一方面是某种会凌驾一切个人愿望的不受控制的创作欲。艺术家的一生多半是不如意的——若我们不用"悲剧"来形容的话——他们就作为个人而言，地位是卑微的，这并非由于他们命途多舛。一个心中燃烧着创作之火的人得付出极高的代价，这是古今不变之理。每个人天生即拥有某种能力资本。人的组成结构内含有某种企图占有并且垄断运用此一能力的欲望而置其他于不顾。如此创作欲可能将人的动力耗费殆尽，作者的自我就不得不陷于各种各样的恶习——诸如残酷、自私与虚荣心（所谓的自恋倾向）——甚至无恶不作，以继续燃烧其生命之光，以防它被剥夺。一个艺术家的自恋现象就像是，一个私生子或遭冷遇的小孩子，从幼年起就必须学习如何保护自己，以免遭受那些不施予爱给他，而可能将破坏加诸其身的人——他们发展出此等恶习，乃是基于这一目标的，因而日后一生中，他不是保留了某种不可抗拒的自我中心主义，永远显得很幼稚，孤苦伶仃，便是全心全力地反抗一切的道德。然而我们凭什么确信，可以对艺术家作出解释的只能是他的艺术，而不是他个人生活中的不如意或冲突呢？只因为下面一个不幸的事实的结果：他是一个艺术家——一个自诞生以来上天即降大任于其身上的人，而不是一个凡人。具备了特殊才能，意思便是说，大部分的精力都被用于特殊方面，生命的其他部分便只有缺失了。

不论诗人是否知道其作品是因他本人而产生，进展，而臻于成熟，还是因为他动了脑筋从虚无中进行创造，都无关紧要。他对这件事的看法并不能改变下面一个事实，他的作品一定会如同一位小孩超越其母亲一样，超越其个人。创作过程含有阴柔的特性，而作品则是从无意识深处源生出来的——或说是源自母体的。一旦创作力占了上风，人的生命便会受无意识的支配与塑造以对抗那活动的意志，如此一来，意识自我便陷入一种暗流中东漂西流，从此便沦为一个无能为力的世事旁观者。进行中的工作便成为诗人的命运，而且亦会左右其心理的发展。歌德并非创作了《浮士德》，而是《浮士德》创造出来了歌德。《浮士德》除了是个象征外还有何含义？我所说的象征所指的并非某种为人熟悉的寓意，而是代表某种不太为人所知的，深奥但却活生生的存在。在本部作品里蕴藏着某种存在于每个德国人灵魂内的东西，而歌德则是一个助其诞生的人。难道《浮士德》或《查拉图斯特拉如是说》除了是德国人创造出来的之外还会是别人吗？此两部著作所处理的都是回荡于每个德国人灵魂的东西——正如雅各布·布尔克哈特①所说过的一种"原始意象"——一位全人类的医师或教师的形象。这种圣贤或救世主的原型意象在人类文化萌芽初期就已潜伏在人类的无意识里；它只有当时局动荡不安，或人类社会犯有严重错误时才会被惊醒。人们于迷失了方向时才会觉得一位可指点他们的向导或老师，或一位可医护他们的医师是多么重要。这类的原始意象为数甚多，不过却只有当我们的人生观偏离正轨时才会出现于梦中或艺术作品里。一旦意识生活有了偏向或错误，它们即被激活——可以说是本能上的，于是便在梦中或艺术家与先知们的幻象中显露出来，这样一来，方能促使心理恢复它原来的平衡。

诗人的作品因此便符合了他所生存的社会精神的需要，因

①　雅各布·布尔克哈特（Jacob Burckhardt，1818—1897），瑞士艺术及社会史学家，早年留学柏林，后来回到故乡当历史学教授。对于意大利的文艺复兴有专门的综合性研究。——译者

而其作品便比起他的个人命运更富有意义，不论他本人知道与否。基本上他只是其作品的工具，他便是其作品的附属物，因此我们自然不可以要求他为我们解说作品。他在表达方面已尽其全力，因此，作品的解说工作便该留给他人或后世。一部伟大的作品就像一个梦；也许作品外表一目了然，但其本身不但解释不了自己，而且相当暧昧。梦从不说"你应该"，或"此即真理"。它呈现意象的方式，就像自然界植物的生长方式一样，其道理该由我们自己去推敲。倘若一个人做了一场噩梦，他不是患了过度的恐惧感，就是他太无忧无虑；如果他梦见了古圣先贤，那也许表示，他说教说得太过分了，同时也许是他极需良师的指导。这两种含义就其微妙性是没差异的，这一点尤其体现在我们受到艺术作品的影响一如作品对艺术家的影响时。 要领悟其含义，我们该领受它对我们的塑造，一如它曾塑造过作者一样。唯有如此，我们方能领会到作者经验的本质。我们会发觉，他确曾运用过那充满孤独与痛苦错误的意识背后的集体心理所富有的治疗力与拯救力；他曾透视广大人群生活的内部，从中他亦曾尝试过人生的酸甜苦辣，因此，他便将其个人的内在感受与挣扎情况一一传达给全人类。

要了解艺术创作与艺术效果的秘密，唯一的办法是回复到所谓的"神秘参与"状况——回复到并非只有个人，而是那人人共同感受的经验——个人的苦乐失去了重要性，只有全人类的生活经验。这就是为什么每部伟大的艺术作品都是客观的、无我的，然而其感染力却不因之而减少的原因。这也是为什么诗人的私生活与其艺术作品之间的关系并不重要——充其量只能给予其创作任务一种裨益或阻碍而已。他的生活方式也许像是一个非利士人（比喻无文化修养的、唯利是图的人）、一个好公民、一个神经症病人、一个傻瓜或一个犯人。他的个人事业也许是不得已的，或兴趣盎然的，不过都无法为诗人本身作出说明。

分析心理学的基本假定

在中古时代和希腊罗马世界里，一般人都相信，灵魂是一种实体[①]。事实上，人类的这种想法早在很久以前就存在了，到了十九世纪的后半叶才发展出所谓的"没有灵魂的心理学"[②]。在科学唯物论影响之下，凡是无法用肉眼见到或用手接触到的都被认为是可怀疑的东西；这些东西由于被认为和形而上学有关，甚至成为被讥笑的对象。除非可用五官感知到或有因果关系可寻，否则便被认为是非科学的或不真实的东西。这种观念上的激烈变动并不是源自哲学的唯物论，因为变动的道路老早就已铺好了。当宗教改革的精神变革结束了力求心灵提升、地域限制、世界观狭窄的中世纪后，欧洲人的垂直观念马上遭遇到现代水平观的对抗。意识从此不再往上升，取而代之的是增广视界，并且人类对地球的知识也增加了。这是个大探索的时代，也是个凭借经验的发现去增广人类观念的时代。认为精神是实体的观念越来越臣服在认为唯有物质才是实体的观念之下，直到最近，几乎四百多年后，许多欧洲的主要思想家与研究学者终于确信，心理是完全依靠物质的，受物质因果律支配。

我们当然不能满足于认为此一激变完全是哲学或自然科学所带来的说法。许多有见识、有思想的哲学家与科学家总很不情愿接受此种非理性的看法，有些人甚至公然反对，只是，他们缺少众多的信徒，他们的力量单薄，抵抗不了大众那种赋予物质世界绝对重要性的非理性，甚至感情用事的信仰。请大家不要认为这种观念激变是理性与推理带来的，因为一般的推理不足以证明或反驳精神与物质的存在性。今天任何一个有脑筋的人都晓得，这些概念只不过是某种未知和未经研究的象征，而这种象征一般都是根据人的情绪与性情，或受时代精神操纵而认定或否认的。我们无法阻止一个有思考力的知识分子认为心理是种复杂的生物化学现象，而且本质上只不过是种电子活

---

① 实体(substance)，即为独立存在之意。——英译者

② 请参阅 F. A. Lange(1828—1875) 的著作 *Psychologie ohne Seele*。Seele 一词在德文里有心理与"灵魂"之意。

动，或者反过来认为，难以揣测的电子活动是其自身内部精神生活的外现。

物质哲学在十九世纪取代了精神哲学的事实，如果仅看做是一种智识问题的话，那么此一改变只算是变了个戏法；可是站在心理学的观念看来，它却是人类对世界观念的空前大革命。精神世界转换成实事求是的世界；经验领域成为研讨各种问题，选取各种目的，甚至是推敲所谓"意义"的国度。摸不到的内心活动似乎不得不把地盘出让给外在的、接触得到的事物。凡是不建立在所谓事实之上的东西，其价值便不存在。至少头脑简单的人是如此了解的。

事实上，想要把这种无理性的观念变化当成一种哲学问题去处理，是无济于事的。我们最好还是不这样做为妙，因为假如我们采信心理现象乃是生成于一种腺体的活动这一看法的话，我们当然会赢取当代人的感谢与支持；相反，如果我们把太阳中的原子分裂解释为创造性世界精神的放射物，我们势必被嘲笑为是种知识分子的想入非非。然而这两种观念具有同等的逻辑性、空想性、武断性，以及象征性。站在认识论的观点来看，从人类去推测动物和从动物去推测人都是行得通的。可是我们知道，达克教授反抗时代精神因而在学术研究上所遭遇到的挫折是多么的凄惨，这是一个不可等闲视之的问题。它是一种宗教，甚至是一种完全与理智无关的信仰问题；然而其含义却表现在这样一个令人不快的事实：它被认为是一切真理的准则，也是被大家认为的常识。

　　一个时代的精神是无法单凭人类的理智过程就可领悟出来的。它是一种趋向，一种对那些心灵较软弱者产生作用的情绪趋向，经由无意识的媒介而带来的一种惊人暗示。不跟随当代的潮流思想走的人，便在某种程度是不合法的、令人厌烦的，甚至会被看做是下流的、病态的或冒渎的，因此很可能危及社会。他愚笨地违反时代的潮流。正如之前假定的，上帝或精神创造万物的说法是不可否认的；而十九世纪也有同等不可置疑的真理发现，认为万物皆有其物质上的因果规律可循。今天，精神并不创造肉体，相反，是物质根据化学原理创造出精神。如果后者不是时代精神特征的话，它一定被斥为是荒谬的。因为大家都这样想，所以它是高尚的、理智的、合乎科学的，而且是正常的。精神该被视为物质的附属现象。即使我们不用"心灵"（mind）一词，而改称为"精神"（psyche），其结论亦将相同；而如果不说物质（matter）而说脑、荷尔蒙、本能或精力，其道理也是一样。可是如果我们承认灵魂或心灵是实体物，便大大地违反了时代的精神，因此这样说便是异端。

　　我们祖先假定人有灵魂，认为该灵魂是实体物，具有神性，是不朽的，其内部有种创造肉体的本能，有维持生命的力量，有治病的功能，而且可完全脱离肉体而独立生存；又认为，灵魂会和某些无形的幽魂交往，在我们的经验范围外，存在着一个其来源无法在现实世界中见到，而灵魂能从该处获取有关精神方面知识的精神世界——我们现在已发觉，然而所有这些想法都是不合理的假设。但是那些未能达到这一意识境界的人们却会觉得，我们认为的物质可产生精神；认为无尾猿进化至人类；认为只要经由饥饿、爱情、权力等动力微妙的交互作用，康德的巨著《纯粹理性批判》便可以问世；认为脑细胞产生思想……这些都是一样的荒谬，一样是捕风捉影的猜测。

实际上，到底这万能的"物"究竟是什么或者是谁？这只不过是人类脑中的另一幅万能上帝的图案，只不过脱去了神人同形的外衣，形成了另外一种看来似乎人人可理解的普遍观念。今天，意识已经大大地扩展了其视界与范围；然而不幸的是，其范围只限于空间而已，其时间的限度仍未拓展，因为后者倘若也扩大了，那我们对历史的看法一定会更真实。倘若我们的意识不只是局限于今日，而是有其历史连续性的话，我们会悟出近似于希腊哲学中神道变化的原理，如此一来，也许我们会在现今的哲学假设上有更具批判性的看法。可是，我们受到了时代精神相当大的阻碍，因而无法奢望有这种可能性。我们也许偶尔会引经据典，那也只不过是用来使自己的意见更加有力而已，就像说："古老的亚里士多德就知道此原理"。事情既然是这个样子，我们便该自问，时代精神这种不可思议的力量是怎么来的呢？无疑，那一定是种有极大重要性的精神的存在现象——总之，是种根深蒂固的偏见，除非我们加以适当的研讨，否则一定找不出此一精神问题的症结所在。

如上所述，想站在物理立场去解说一切的精神冲动，在过去四个世纪中正好和意识水平发展相配合，而这一水平的观念便是一种对哥特时代极端垂直观念的反动。既然它是一种群众心理的表象，因此也就不可把它当做个人意识来处理。和原始人一样，我们一开始根本对于自己的行动毫无知觉，要等到很久之后才发觉为什么要这么做。同时，我们自足于一切行为的"合理化的"（rationalized）解释法，但终究发现它们都是不恰当的借口罢了。

如果对于时代的精神有所知觉，我们就会清楚急于站在物理立场去解释一切的原因；我们会知道那是因为，到目前为止，根据精神去解释的做法已经太多了。了解了这点，自然会马上对于我们的偏见加以批判。我们会说：很可能我们在另一方面犯有同样的严重错误。我们自欺欺人地认为，我们对于"物质"比"形而上的"精神理解更多，因此高估了物理因果

律的价值，相信仅此已足以解释生命的奥秘。然而物质和精神
都是同样神秘的东西。对终极的真相我们原本一无所知，唯有
承认这个，心智才能回归平衡。这并不是要否认心理活动与脑
的生理结构、各种腺体以及整个的身体存在的紧密联系。我们
深信，意识内容大部分是根据我们的感官认知力而决定的。我
们不能忽略，肉体的本质与心理的性质都同样不知不觉地通过
遗传存在于我们身上，我们对于那些阻碍、促进或修正我们心
智能力的本能感到惊讶不止。事实上，我们该承认这正是原
因、目的和意义：人的心理——不论从哪个角度去看——首先
都是某种我们所谓有形体的、经验的与现世的事物的直接反
应。紧接着此一认识之后，我们更须自问，是否心理终归只是
个次生的表象——一种附带现象——须完全依存于肉体。作为
一个有理性的人，一个自认在现实世界务实的人，我们肯定了
这个说法。我们只是对"物质"是万能的论断有所怀疑，这促
使我们用批判的眼光去研究科学论断应用于人类心理时的正
确性。

最近已经有人提出异议，认为这样做不啻是把心理活动低
估成一种腺体活动，把思想看做只是大脑的分泌物，如此一
来，我们所得到的结果便成为一种没有心理的心理学。从这一
观点立场出发，就该承认，心理本身并不存在，其本身是虚无

的，只是物理作用的表现而已。但这些作用具有意识性是不争的事实——否则，我们根本无法谈及心理；若没有意识，我们无从谈起。因此，意识是精神生活的必要条件——换言之，便是精神本身。如此一来，所谓"不谈心理的现代心理学研究"指的是忽略了无意识精神生活的存在。

现代心理学不止一种，有好多种。这是非常奇怪的，因为我们记得只有一种数学、一种地质学、一种动物学、一种生物学等等。心理学种类之多，使得一所美国大学得以出版了一册以此为标题的书：《一九三〇年的心理学》。我认为心理学种类之多可与哲学媲美，因为哲学的种类亦不止一种。我之所以提到这一点，是因为哲学与心理学之间存有一种无法分开的题材相关性。心理学以心理为题材，而哲学——简言之——则以宇宙为题材。直到最近，心理学仍然是哲学的特殊分支之一，可是现今我们已达到尼采为我们预见的——心理学本身已渐渐占了上风。它甚至存在把哲学吞并的威胁。两大学科之间内在的相似点在于，两者皆研究无法完全凭经验去了解的题材。两者的学术研究皆鼓励思索，而结果都造成了纷乱的意见分歧，包含各家各派学说的册子也就又厚又重了。两者都不能缺少其一而存在，而且其中之一向来都为另外一个提供含蓄的，有时甚至是无意识的基本假设。

　　正如上所述，现今站在物理立场去解释的偏好已导出一种没有心理的心理学——我的意思是，已经产生一种认为心理不过是生物化学作用下的产物这一观念。至于一种现代的、科学的、从心理出发去研究的心理学，则根本不存在。今天根本无人敢尝试去创立一种独立而不受肉体牵制的心理假定。精神自在和自为的观念，有其自主世界体系的灵魂观念，是欲相信有所谓自在的灵魂个体之前所不得不先树立的基本假设，已经非常不流行了。可是我必须说明的是——当一九一四年我参加在伦敦贝德福德学院（Bedford College）召开的亚里士多德学会、精神学会和英国心理学会的联席会议时，于其中的一个座谈会上，大家讨论到了一个问题：个人的精神到底包含在上帝心中吗？任何英国人要是对这几个学会的科学立场有所怀疑的话，大家一定把这人的想法视为不当之论，因为其中的每位会员都是国内非常杰出的人物。也许我是观众中唯一觉得他们所发表的议论像是十三世纪的论调而感到惊奇的人。这证明，自主心理存在的观念仍然未绝迹于欧洲，也尚未成为中古时期所留下的化石。

　　有了这种观念，也许我们便可大胆地说，有心理的心理学是可能的——换言之，一门基于自主的心理为假设的研究学科可能出现。此一工作不受欢迎，我们不必感到惊讶，因为事实上，心理的假说和物质的假说同样都是属于幻想的事。既然我们对于精神如何源自物理元素的方式还根本一无所知，可是又不能否认精神活动的真实性，我们当然可从另一个角度去假定，心理来源于一种和我们领会物质时同样费解的精神原理。事实上，这不是现代心理学，因为所谓的"现代"，会否认这种可能性。因此，不论是好是坏，我们必须回去参考祖先们的教义，因为他们是此一假说的创立者。古人的观念认为，精神便是肉体的生命，是生命气息，是种在诞生之时或形成观念后便具有其形体的生命力，当气绝之后又离开肉体。精神被认为是种不会伸展的存在物，因为可存在于肉体成形之前及消失之后，因此被认为是无时间性的，是不朽的。站在现代的科学的心理学立场看来，这种观念当然是种纯属幻想的东西。可是既然我们并非故弄玄虚，这也不是现代才出现的花样，我们将对此一由来已久的观念尽量保持公平的态度去研究，并且去检验其经验的正确性。

　　人们称呼其经验所用的字眼，常能给予我们很大的启发。seele 一词的起源为何呢？正如英文中 soul 一词，seele 起源于哥特文的 saiwala 及古德文中的 saiwalo，这些词与希腊文中的 aialos（意即流动的、彩色的、红色的）一词有关。希腊词 psyche 还有"蝴蝶"的意思。另一方面，saiwalo 一词和斯拉夫文的 sila

相关，其含义为"力量"。根据这些关系，seele 一词的原意便清楚了。它是种动力，或是生命力。

拉丁文中含义为精神的 animus 和灵魂的 anima，和希腊文含义为风的 anemos 一词是一样的。在希腊文中另外有一词其意思亦是风，但亦有精神的含义，就是 pneuma。在哥特文中，我们发觉 us-anan 一词有呼气之意；而拉丁文中，an-helare 一词也有呼吸之意；在高地德文中，spiritus sanctus 翻成 atun，其意为呼吸；阿拉伯文中，风便是 rih，灵魂是 ruch。希腊文 psyche 一词存在类似的关系，psyche 亦和 psycho（呼吸）、psychos（凉的）、psychros（冷的）、phusa（吹气）等词有关。这些关系充分证明了，拉丁文、希腊文及阿拉伯文等所给予灵魂的名称都和流动空气，即"精神的冷呼吸"有关。这也是为什么在原始人的观念中赋予灵魂的是一种无形的生命体的原因。

很显然，既然呼吸是生命的象征，呼吸本身当然便是生命、活动与动力了。根据原始人的另外一种看法，灵魂乃是火或火焰，因为温暖也是生命的象征。此外更有一种把名字当做灵魂的奇怪但并非少见的原始观念，个人的名字便是其灵魂，这便演化出来一般取祖先之名以使祖先的灵魂在新生儿身上再化身出来这一习俗。根据此理，我们便可推论自我意识被认为是灵魂表现的原因了。灵魂被看做和身影是同一种东西亦是屡见不鲜的，因此，踩了他人的影子便是莫大的侮辱。同理，在南半球，鬼在中午都被认为受到了很大的威胁；此时身影渐小，意思便是说生命垂危矣！这种有关身影的观念和希腊人所说的 synopados 一词"跟在后面的人"含义相似。希腊人以此表明一种接触不到的活体感觉——这和认为死者的灵魂是身影的信仰可以说不谋而合。

这些例子也许可用来说明原始人对心理的看法。在他看来，心理是生命之源，是生命的原动力，是一种具有客观现实的鬼魂似的存在。因此，原始人知道怎么样与其灵魂交谈；它不是他本身或他的意识，它乃是他内在的声音。对原始人来说，心理并非一切主观的和受意志支配事物的缩影；相反，它是种客观的，本身自主的，有其独立生命的东西。

从经验上看来，这种看法有其公正的方面，因为不只就原始人的准则而言，而且从文明人的立场也是如此，心理活动都有其客观的一面。广义而言，心理活动脱离我们意识的控制。例如，我们无法压抑住太多情感，我们不能把坏情绪变成好情绪，我们无法随心所欲去做梦。即使最聪明的人，下最大的决心，亦无法避免烦恼。记忆玩弄的混乱把戏常使我们感到无助与诧异，随时会有料想不到的怪主意出现在我们头脑之中。我们自认为是房子的主人，因为我们都喜好自炫。事实上，我们对无意识心理的适当调节的依赖程度是相当惊人的，而且我们要信任它不会背叛我们。只要我们去研究那些神经症病人的心理过程，一定会对于心理学家把心理等同于意识感到极为可笑。大家都知道，神经症病人的心理过程和正常人是没有两样的——今天到底哪个人敢自称他没有神经症症状呢？

既然如此，我们最好还是承认，视灵魂为客观存在物的古老看法是对的——要视之为独立的、不定的并且是危险的东西。进一步而言，从心理学的观点来看，把这一神秘的、可怕的实体物看做是生命之源亦是可以理解的。经验告诉我们，"我"之含义——自我意识——是从无意识来的。幼小孩子的心理生活缺乏任何明显的自我意识，因此，童年早期在记忆里都不留下任何痕迹。然而我们一切智慧之光到底是怎么来的呢？我们的热忱、灵感，以及对生命的高度感情的源泉在何处呢？原始人在灵魂深处体会出生命的泉源，对于灵魂的生命控制力，他有深刻的印象，因此，他便对一切影响它的东西深信不疑——相信一切形式的巫术。这便是为什么对他而言，灵魂为生命本身。他从未想象自己可指挥它，反而觉得在各方面都要依赖它。

不论灵魂不朽的观念对我们而言是多么荒谬，对原始人而言却没什么稀奇。毕竟，灵魂确是不寻常的。当一切存在物皆占有相应的空间时，唯独灵魂不占空间。当然，我们认定，我们的思想存在于脑海里，然而一谈及感受，我们便开始拿不定主意了；感受似乎是在我们心坎上。我们的知觉则分布于全身。我们的看法是，意识的位置在头脑中，然而，根据美国西南部印第安人的看法，美国人相信思想源自头脑的想法是疯狂的，因为任何一个有理性的人都知道，人是用心来进行思考的。某些黑人部族甚至认为，他们的心理功能既非源自头部，亦非来自心里，而是从腹部发生的。

除了这一有关心理功能位置的看法仍无定论外，另外还有个难题存在。除了某一特殊的知觉范围，心理内容，一般而论，都没有空间。因此，我们怎样描述思想的体积呢？是小、是大、是长、是薄、是重、是流体的、是直的、是圆的，或是其他的东西呢？如果我们要对于此一不具空间的第四维存在物作生动的图示，就该以存在的思想作为模型。

要是我们干脆否认心理的存在，问题就简单得多了。可是，现在我们已握有某种直接经验——某物植根于我们有重量长度，可想象出来的，有三度空间的实体物中间，它与该实体物在各方面各部分都完全不同，却是反射出此实体物的东西。心理可被视为一个数学点，同时亦是恒星的宇宙。难怪有些无知的人要将此一矛盾的存在看成几乎是神圣的东西了。假如它不占空间，自然无形体。形体会死，然而，难道无形无体之物也会消失吗？此外，心理与生命是早在我会说"我"以前就存在的，而当此"我"消失后，例如在睡眠或无意识状态中，生命与心理仍然健在，这一点只要从我们观察他人或自己所做过的梦就可知道。为什么头脑简单的人要在面对这些经验时去否认，"灵魂"活在形体范围之外？我须承认，此一所谓的迷信和有关研究遗传或本能的发现一样并没什么荒谬的。

要是我们记得在原始的文化中，人一向都把梦与幻象当做是知识的来源，那我们就容易理解，为什么较高超的，乃至神圣的知识，以前都被认为是起源于心理的原因了。当然，无意识确是包含有高超的透视力，而且是相当惊人的。由于认定了此一事实，原始的社会才会把梦与幻象视为知识的重要来源。伟大的不朽文明，诸如印度与中国文化便是建立在此一基础上，以此为出发点，发展成一套"自我产生知识"的原则体系，在哲理上与实行上都有非常深远的成就。

把无意识心理视为是知识源泉的高度尊崇，并不像西方理性主义所猜疑的，是种自欺欺人的东西。我们倾向于假定，归根结底一切的知识都是外来的。可是，今天我们都深知，无意识的内容要是能够转变成意识的内容的话，我们将不知要增加多少知识。现今有关动物本能的研究，例如昆虫，已经带来了极丰富的经验发现，甚至证明倘若人能像昆虫一样行动，那一定会比现在更聪明。当然，我们无法证明，昆虫具有意识知识，可是据一般常识，我们可确信，昆虫无意识的行为模式便是其心理功能的结果。人的无意识同样亦具有从其祖先遗传下来的一切生活方式与行为，因为每个小孩，先于其意识，都具有接收心理功能的潜在系统。同样，在成人的意识生活中，此一无意识的、本能的功能也都是永远存在的、活动的。在这些活动中，主要目的便是为意识心理的一切功能做准备。无意识和意识心理一样能透视，一样有目的、有本能、会感觉、会思想。在精神病理学与梦的过程研究中，我们找到了许多相关的证明。心理意识与无意识的功能只存在着一个基本的区别。意识一般都非常强烈、集中，而且是过程性的，其方向集中于目前和当下的注意范围；此外，它只限于可代表个体几十年经验的材料而已，大量的"记忆"是间接的而且主要来自印刷品。然而无意识的情况可就大大不同了。它不集中、不强烈，只是模模糊糊；它包罗万象，同时包含异常矛盾的各种元素；除了无数的高超见地之外，它亦是人类代代相传的遗传因素的累积，甚至可掩盖人种的差别。假如我们把无意识加以拟人化，其实可称之为一个集两性特征于一身，超越青年与老年、生与死，甚至握有人类一两百万年经验的、不朽的集合人。倘若有像这样的一个人存在的话，他一定是超脱了变化的人；当前时代对他而言，根本和耶稣诞生前一百世纪中任何一年没什么差别；他是会做古老梦的人，而且由于他的丰富经验，一定会成为天下无双的预言家。他的生命将会超越个人、家族、部族与人类的寿命，而且他一定会对生长、开花与凋零有生动的感受。

不幸的——或亦可以说，很幸运的是——这是个梦。至少，我们认为，在梦中出现的集体无意识对于它的内容似乎是没有意识的——虽说我们还不能确定，正如在昆虫方面亦无法确知真实情况一样。此外，集体无意识似乎不可能是个人，而是像一条永不停息的河流，或许也像是一大群出现在我们梦中或在不正常心理状态下涌入意识界里来的形象与人物。

若把无意识心理的此种庞大经验体系称为是种幻想，是非常奇怪的。因为有形的、可接触得到的肉体，本身便是此种体系。它本身仍然具有明显的原始进化痕迹，而且是个有目的与功能的整体——否则的话，我们怎能生存下去呢？任何人都不会把比较解剖学或生理学看做是无稽之谈吧！因此，我们绝不可把集体无意识斥为某种奇想物，而不承认它是一门学问、一个具有研究价值的宝库。

就其外在而言，心理对于我们纯粹是外在事物的反映——不但由其引起，亦是从其发源，而且我们也认为，无意识只有从外在与意识方面着手才有被了解的可能。大家都知道，弗洛伊德便是从这方面下手的——这意味着只有当无意识与个人意识同时存在时，努力才可能有所成就。然而，事实是，无意识是种人类历代相传下来，老早就存在的潜在心理功能体系，而意识却是个从无意识诞生出来的后裔。如果我们尝试站在后裔的立场去解释祖先的生活的话，那就太反常了。同时，我的看法是，认为无意识是由意识衍生而来的论调也是错误的。假如我们从相反的方向去考虑，会更接近真理。

可是，这便是过去时代的看法，过去大家一向主张，个人的灵魂是依赖一个精神的世界体系而存在的。这也难怪，因为他们对于潜藏于个人的意识门槛底下的宝贵经验比较了解。过去几个世纪以来，他们不但已塑造出一个有关精神世界体系的假说，而且亦深信此一体系是个有其意志与意识的实体——甚至是一个人——他们称此存在物为上帝，即实体的精华。对他们而言，它便是一切存在物中最真实的，是最初的原动力（第一因 first cause），是了解灵魂的唯一媒介。这种假设从心理学的立场看来是有它的道理在的，因为对于那种几乎是不朽的存在，那种与人的经验比较起来几乎可算是永恒的经验，称之为神亦是顺理成章的事。

不站在物理立场去解释万事万物，而诉诸一种主要原理既非物质或数量，亦非任何能量状态，而是上帝的这样一种心理学，可能出现的问题以上都一一指出了。面对这种情况时，也许我们会受现代哲学的影响，而称这种能量或蓬勃之气为上帝，将精神与自然混合为一。不过只要我们不超越此幻想哲学的藩篱，就没什么太大关系。可是，倘若我们把这种观念应用到实用心理学的低层范围里，应用到在日常生活的言行中可得到结果的心理学解释中，那一定会出现很严重的困境。我们不想创立一套迎合学术界的口味的心理学，我们的解释方法亦不希望。 我们所希望的是一种有可观效果的实用心理学——一种对病人有疗效的心理学。在应用心理疗法时，我们尝试尽量使人人都能恢复正常的生活，我们并不随心所欲地去创造出一种和病人毫无关系，甚至可能伤害到他们的理论。因此，现在便遭遇到一个具有极大危险的问题——我们的解释是基于物质还是精神的问题。我们不要忘了，站在自然律的立场而言，凡是精神皆属幻想之物，任何证明灵魂存在的说法均将违反或抹杀某些可见的物理事实。要是我仅赞成自然律的价值，而且解释一切事物时都依据物理原则的话，就势必会贬低、阻止或破坏病人们的精神发展。而假使我顽固坚持某种精神的解释法，就会误解与破坏一个人作为一种物理性存在的正当性。一旦犯了这种错误，那么在心理治疗的过程中免不了会有更多的自杀病人出现。我不在乎到底能量是神或神是能量的问题，因为我总归无法去了解这件事情。可是，给出适当的心理学解释却是我分内的事。

现代心理学家的立场并非二者选其一，而是徘徊在两者之间，犯了"两者都对"的严重错误！这种立场自然而然地便为肤浅的机会主义打开了门路。这无疑是所谓的相对巧合的（coincidentia oppositorum）危险——相对的学术放任的现象。明明两种假设是互相矛盾的，却视为有同等价值，当然会造出许多杂乱无章的不定论。与此相反，我们很欣赏一种毫无含混的解说原理的优点。它会提供一个可作为理论依据的立足点。在此我们会遭遇一个非常困难的问题。我们该诉诸一种建立在事实之上的解说原理，可是事实上，现代的心理学家已无法既固执于物理存在的实体性，又同时兼顾精神面的重要性。他也不可只强调后者的重要性，因为不可以忽略物理性解说法本身的实在性。

下面便是我试图解决此一难题的方法。自然与心理的冲突本身便是人类心中矛盾的反射。在我们还无法了解心理生活的本质时，这便是一种物质与精神矛盾现象的揭示。就我们所知，当对于某种东西还没了解或无法了解时，便急着要发表什么理论——说句真心话——我们一定会自我矛盾，为了自圆其说，我们会将此种东西拆成对立的两部分以应对此困境。人生中精神与物质的冲突现象只说明了一点，心理从根本上讲是种令人费解的东西。毫无疑问，内心的活动便是我们唯一最切身的经验。一切我所经验的都是心理的经验，甚至肉体的痛苦亦属于经验范围内的心理事件。我的感官印象——虽说会在我的脑海中呈现出一个充满看不清楚的物体的占有空间的世界——亦属于一种心理现象，而这些便是最切身的经验，因为它们是我意识界中最切身的东西。我的内心甚至会将事实的状态改变，会伪造事实，在此情况下，我便得诉诸人为的方法，以便探求事物的真相是否真如我所见。如此，我才能知道，音调是某种空气的振动频率，或颜色便是有某种波长的光波。由于我们被心理形象包围，因此无法看到身外之物的真正性质。我们一切的知识都受到了心理的影响，既然心理是最切身的，因此亦是最实际的。心理学家所能诉诸的实体物便是心理实体物。

倘若对这一观念再作深一层的研究，我们会发现，好像某些心理内容或形象与我们的肉体一样，是从外在环境中来的，另外有些则是来自与外在环境迥然有别的心理源泉。不论我想把希望购买的车描绘出来，或尝试去想象我死去父亲的灵魂状况——不论它是种外在的事实或一种在我脑海中的思想——两种活动皆属于心理的实体。唯一不同的是，前一心理活动与物理世界有关，后者则指向精神世界。如果我改变自己对实体的观念而承认一切的心理活动都是真的——该观念的唯一用途便在于此——那么我便可消除基于物质或精神两种解释原理之间的矛盾，两者均可用来说明在我意识境界中的特定内容的特定来源。假如我被火灼伤了，我并不怀疑火的实在性，可是当我被鬼会出现的恐惧心理包围时，便认定那是个幻想。然而，火是一种物理作用的心理形象，其本质至今仍是个谜，让我恐惧的鬼同样是某种心智来源的精神形象，鬼的本质也是未知；鬼和火都是实实在在的东西，因为我的恐惧感和被火烧伤的痛感都是真实的。至于我怕鬼背后的心理作用——与我们对物质最极限性质的了解程度一样无知。正如我只想根据化学与物理原理去研究火的性质一样，除了依据心理作用的原理外，亦没想要用其他方法去解释怕鬼的心理现象。

所有切身的经验都是心理作用的，最切身的实体物只能是心理的事实说明了为什么原始人要把鬼的出现与魔幻的力量拿来和外在事件相提并论。他仍未把他天真的经验撕成两个对立的部分。在他的精神天地中，精神与物质仍然掺杂在一起，他的神祇们仍然常漫步在森林和田园中。他像是个小孩子，涉世未深，仍然被包围在心理世界的梦境中，仍未受到如茅塞初开者所遭遇到的不得不面对现实的折磨。当原始世界解体成精神与自然两部分后，西方人敬重自然，这是对自然的一种信仰，但当想把它精神化时，却会纠结于十分痛苦的努力中出不来了。相反，东方人却把精神当做主体，而把物质解释为幻想，因此，他们至今仍然停留在亚细亚的污秽和贫穷的梦境中。既然地球只有一个，人类只有一种，东方人和西方人当然不可把人类撕成不同的两半。心理的实体是个完整的东西，它等待着人类进化到不会只信仰一部分而否认另一部分，而是承认两者皆是同一个心理的构成元素的意识境界。

我们可以说，心理实体的观念是现代心理学最重要的成就之一，虽然目前还是很少人认识到它。我认为，此一观念普遍为人所接受只不过是时间问题而已。它必须为大家接受，因为它是唯一可让我们为心理现象的一切多样性与独特性作彻底说明的观念。缺乏了此一观念，我们免不了把心理经验解释得乱七八糟；有了它，我们便可为那些表现在迷信、神话、宗教与哲学中的心理经验做适当的评价。此种精神生活的价值是千万不可被低估的。诉诸感官所得到的真理也许会令理智满意，但对于那些激起我们的感觉及使人生显出意义的东西却毫无裨益。感觉在善恶判断中都是相当重要的决定因素，倘若感觉无法协助理智，后者通常便会无能为力。难道理智与善意曾使我们免于世界大战的浩劫了吗？难道它们曾经使我们幸免于其他无意义的灾祸吗？是否存在任何伟大的精神或社会革命——例如希腊罗马世界进入封建时代，或伊斯兰文化的迅速传播——是推理出来的？

作为一名医生，我和这些世界问题并无直接关系，我的责任只涉及那些病人。医学直到最近一直假定应该只注重疾病本身的治疗，然而指正此种错误看法的呼声越来越高，它们所要求的是治疗病人本人，而非仅疾病本身而已。在治疗心理疾病方面亦有同样的要求。我们的注意力愈来愈从有形的疾病转移到整个人身上。我们已经晓得，心理疾病并非某一特定部位的毛病，不是一种可明确划分出界限的现象，而是一种整个人的态度出现错误的征候。因此，我们无法从只局限于毛病本身的治疗法得到痊愈的希望，而是该从整个个体着手去治疗才对。

我突然想起一个具有参考价值的病例。有一个很聪明的年轻人，他在医学文献上作了一番苦心研究，完成了一项有关他自己的神经症的详细分析结果。他把成果整理成一篇极工整的、可出版的论文带来给我看，请求我把他的原稿过目一遍，并且要我告诉他无法治愈的原因。他认为根据他所理解的科学原则，应该是可治愈自己的。看过他的论文后，我不得不坦白地告诉他，要是治疗方法以能看出神经症的因果关系为达到要求的话，他理应被治愈。但情形并非如此，因此我推测，一定是他的人生观根本就是错误的——虽说从他的病征我承认是看不出来的。看过他的自述后，我注意到，他常到圣莫里茨（St. Moritz）或尼斯（Nice）过冬。因此我问他，是谁供给他度假款项的。他告诉我，有一位很爱他的穷教师宠坏了他，毫不犹豫地拿钱供给他玩乐。他的这种缺乏良心便是他的神经症之因。于此，我们便不难了解为什么科学的透视法无法帮他的忙。他最基本的错误在于他的道德态度。他认为我判断问题的方法极不科学，因为在他看来，道德和科学是风马牛不相及的事。他妄想凭借科学的观念就可把他无法忍受的灵魂不安摒除。他甚至不承认内心有冲突存在，因为他认为，他的情妇供给他钱完全是自愿的。

　　我们可选择站在任何科学的立场，可问题是，大部分的文明人都受不了他的这种行为。一位心理学家如果想避免犯错的话，他应该把道德观视为人生中的一项重要因素。心理学家更应牢记在心的是，有些不建立在理智上的宗教信仰，对某些人而言，确是人生的必需物。因为这些可能是引起疾病并治愈疾病的心理实体。不知有多少次我听到病人这样喊："要是我早知道我的人生是有意义与目的的该多好。因为如此一来，我的心理就不会有这种毛病了。"不论这一个人是贫是富、是否有家庭或有社会地位，情况是一样的，因为外在的环境已无法为他带来人生的任何意义。问题是，他需要一种我们所谓的精神生活，这是他无法从大学里、图书馆中，甚至教堂里得到的。他无法接受这些所能提供给他的东西，因为这些东西只能充塞他的脑袋，却不能激起他内心的共鸣。在此情况下，医生认出精神因素的真相是相当重要的，而病人的无意识会迎合他的需要，帮助他去做有宗教性内容的梦。不承认这些内容的精神来源便是错误和失败的治疗法。

对于心理性质有通盘的概念可说是心理生活中不可或缺的构成因素。我们很容易就可从那些意识达到相当水准因而观念也相当清楚的人身上找到印证。凡是部分缺少或完全缺少这些观念的文明人便是堕落的表现。因为直到目前为止，心理学一直都朝着物理因果关系的方向去研究心理作用，所以心理学未来的任务便是要从心理因素去探讨。然而今日心理科学的进步情况并不比十三世纪自然科学的进展强。我们现在才刚刚开始以科学的眼光去研究心理经验！

如果现代心理学夸耀已经把笼罩在人类心理上的阴影拨开的话，所指的应该只是研究者一向都没洞察到的生物学面貌而已。我们可以拿目前的情况来和十六世纪的医学发展情形相比较，由于当时大家才开始研究解剖学，因而对于生理学连一点观念都没有。有关心理的精神层面，目前我们所了解的部分相当有限而且零碎。在许多场合里，心理历程受精神状态的很大制约，譬如著名的原始人成年入会礼及印度瑜珈术所产生的状况等。可是我们仍然无法获知其特定的一贯法则。我们只知道，很大一部分神经症便起因于这些过程所发生的骚动。心理学方面的研究目前仍然未能把人类心理上的许多神秘部分除掉；与人生中的许多秘密一样，它仍然还是令人感到非常费解、非常暧昧。我只能把我们试图要做的以及希望将来要做的提出来，尽量去寻求解开此一大谜题的方法。

现代人的心理问题[①]

由于现代人的心理问题和我们所生存的时代关系太密切，因此我们无法作任何公平的论断。现代人是一种结构新颖的人类；现代问题是一个刚刚出现，其答案还在未来的问题。因此，我们要谈及现代人的心理问题，充其量只能把一个问题加以叙述——假使我们想要找到一点蛛丝马迹的话，也许应该从不同的立场去说明。而且，所谓的问题似乎非常模糊；由于事实上关乎全人类，它便成为远非个人所能完全掌握的问题。因此，我们便该顺理成章地以极谦虚、极谨慎的态度去探讨这样的一个问题。我对这一工作有很强的信心，而且亦希望它能受到世人的重视，因为这些问题驱使我们使用一些庄重的措辞——同时于讨论问题时，我本人将被迫用一些乍听之下令人觉得不温和、不谨慎的口吻去评论某些事情。

首先，且让我举个看起来缺乏谨慎态度的例子。我们所谓的现代人，是一个能感知到现代状况的人，并非人人皆是。他是一个伫立在高冈上，或站在世界最边缘的人，他眼前是茫然的未来的深渊，头顶上是苍穹，脚底下是历史已笼罩着一层原始迷雾的全体人类。现代人——或让我们再重复"最现代的人"——可以说是寥寥无几的。很少人有资格被冠上此一头衔，因为这种人应该是觉醒程度最高的人。既然作为道道地地的现代人就必须彻彻底底地感知一个人的存在性，那么其意识性该是强烈而广泛的，其无意识性该是最微小的。我们都明白，一个人活在现在并不足以被称为现代人。因为果真如此，凡是现在活着的人都可算是现代人了。其实，唯有对当下最具有感知力的人才是现代人。

一个道道地地被我们称为现代人的人是孤独的。他之所以如此是有必要的，而且自古就是这样，因为每当他要向意识领域更进一步迈进时，他就和原本与大众"神秘参与"——埋没在普通的无意识中——的最初状态离得愈来愈远。每当他要举步向前时，其行动就等于强迫他离开那无远弗届的、原始的、包括全人类的无意识。从心理学的观点来看，即使在我们今日

---

① 原作者荣格对本文做过修正。——译者

的文明社会里，大部分最低阶层民众所过的生活几乎和原始民族一样无意识。高一级的民众则能随着人类文化的萌芽而开始表现出相当程度的意识，只有最高阶级者，其意识程度才能赶得上过去几世纪以来的生活步伐。唯有符合我们对该词所下定义的人，才算是一个真正活在现代的人；他是唯一具有今日知觉的人，而且是唯一发觉随波逐流的生活方式太无聊的人。历史的价值与奋斗故事已经再也引不起他的兴趣。因此，他已经是个道道地地最"不历史的"人，而且是一个和完全生活在传统里的群众疏远的人。事实上，唯有当他已经漫步到世界边缘，才算是一个完完全全的现代人，他须把一切前人遗留下来的腐朽之物完全遗弃，意识到他现在伫立在一片万事万物都有可能会发生的空旷原野前。

也许上面这一席话听起来令人觉得非常空洞，是一席陈腔滥调。难道世界上还有比佯装出一副现代面孔更简单的事吗？其实，世界上不知道有多少人表面上装出一副现代的模样，而实际上却跳过了他们应该经历的许多生活发展阶段，而且忽略了许多他们应履行的人生义务。他们防不胜防地出现在一个真正现代人的身旁，令人一看就知他们是无根的人、吸血鬼，他们所表现出来的空虚令人误认为是现代人的落寞，因此也就令真正的现代人觉得很恶心。他们和他们的同类戴上假面具，躲在觉察不出的人群中，便是一群伪现代人。我们对他们无可奈何；这种所谓的"现代"人是有问题的、可疑的，过去是如此，现在也是如此。

真正的现代人不模仿他人，能够安于贫困并发现其中的意义，而且——更痛苦的是——是一个拒绝一切历史所加给他的圣贤荣耀的人。"不历史"便犯了普罗米修斯的罪，因此，就这层意义而言，现代人是活在罪恶当中的。高一级的意识，在某种程度上可说就像是背负罪过的重担。可是，正如我所说的，唯有一个不但超越了属于过去的意识阶段，而且完全履行了世界所指派给他的义务的人，才可能达到充分的现代意识境界。为此，他必须是一个见解正确、多才多艺的人——一个不但和其他人有相同成就，而且要超出一点点的人。唯有凭借这些才能，他才有办法进入高一级的意识境界。

我深知，多才多艺的说法一定令伪现代人感到极为刺耳，因为它提醒了他们的欺骗勾当。然而，这并不会打消我们以此观念作为品评一个现代人的准则。我们这样做有不得已的苦衷，因为除非他是一个多才多艺者，否则自称现代的人也可能只是无耻的投机分子。他必须真正多才多艺，因为如果他不能以他的创造力去弥补反抗传统的缺陷，那他就仅仅是一个背叛过去的人。要是我们把否认过去的传统和肯定现在的意识视为是同一回事的话，那便完全是自欺欺人。"今朝"介于"昨日"和"明日"之间，是过去和未来的桥梁；除此之外，别无他意。现代代表着一个过渡的程序，而唯有意识到此点的人才能自称为现代人。

有很多人自称现代人——尤其是那些伪现代人。因此，真正的现代人往往只有在那些自称为老古董的人当中才能找到。他之所以作这样的选择有其充分的理由。第一，他强调过去，为的是要在打破传统以及我所说过的罪过之间求得平衡；第二是因为，他想避免被人误认是伪现代人。

每种好的品质都有其坏的一面，因此凡是世界上的善一定也有其相对的恶。这是令人痛心的事。就因为如此，现代的意识可能会导致建立在幻想基础上得意忘形的危险：人总是幻想我们正活在人类历史的极盛时期，幻想自己是无数世纪以来的结晶与成果。果真如此，我们就该了解，亦该勇敢地承认自己的无知：我们同时亦站在几千年来期望与希望走向绝望的边缘。基督教宣扬其理念已近两千年，我们眼见的不是救世主再度君临的天国千福年，而是存在于基督教国家之间的世界大战、铁丝网、毒瓦斯。这真是一场天国与人间的大浩劫。

面对着这样一个情景，我们不免要自怨自艾了。现代人确实是活在极盛时期中，然而明天他便要被超越了；他确实是古老年代发展的结晶，然而他同时亦正处于人类希望中最可悲的绝望境地。现代人深知这一点。他已经了解科学、工业技术和组织可能产生的利益。同时他亦看到，那些"善良"的政府总想用"在和平中准备应战"的原则去为和平铺路，结果反而导致欧洲几乎崩溃。至于理想、基督教的教会、大同世界、国际社会民主以及经济利益的巩固等，都无法在炮火的洗礼——现实的考验——下幸存。今天，在大战后的十五年，我们又看到了相似的乐观主义、同样的组织、同样的政治渴望、相同的口号在流行。我们怎能不恐惧，他们最后是否会带来更大的浩劫呢？我们对于那些在无理性战争中所达成的协议感到怀疑，不过仍然期望它们尽可能产生效力。面对这些缓和的措施，我们忧心忡忡。就整体上而言，我相信，如果说现代人所受到的心理打击是致命的，因而最后已陷入了迷惑的深渊，这并没有夸大其词。

这些话，我想很显然会令人看出，是带有一个医生的立场的观点。医生一向都想诊断出疾病，而我便是一个非做医生不可的人。然而医生不该把原本没病的人看出病来。因此，我不想宣称，大部分的西方人及少数的几个东方国家都有病了，或说西方世界已濒临崩溃的边缘了。我实际上也没资格这样妄下断言。

　　当然，我对现代人的心理问题研究，大都是建立在我和他人接触的经验及我个人运用我的学识去理解现代人们遇到的心理问题所感受到的经验上。我对上百个有教养的人的个体的心理生活有相当了解，其中包括有病的、健全的，他们来自白人世界及文明世界的各个角落；而我的叙述便是凭借这些经验。毋庸置疑，我只能把其中的一面加以描述，因为我所观察到的都是其心理生活的活动；这些都是深藏在我们内心的东西——甚至可以说是在心的内部。在此我必须说明的是，心理生活并非永远如此；心理并不是随时随地都可从心的内部找到，有时可从全人类的不称为心理生活的整个历史中找到。譬如说，我们可随便选出一个古文化来，特别是那极富客观性、坦诚招认罪孽①的埃及古文化。我们不可能把巴赫的音乐当做只是个人情感的表现，同样，我们亦无法把金字塔和塞加拉(Sakkara)坟墓看做只是个人问题与个人感情的表现而已。

　　凡是经由一种外在形式，不论它是祭典性的或精神性的，人的一切精神凤愿因而得以达成，其情绪得以排遣——其中我们可拿现存的宗教作为说明的例子——那么我们便可说，这是

----

① 根据埃及人的传统说法，当一个死人在阴间的审判官前受审时，他须把没犯过的罪行全部供认出，而犯过的罪却不必提及。——译者

人心理的外现，而且严格讲来，将不存在心理问题。根据这个
道理，心理学的发展可说完全是过去几十年间的事，虽说早在
此以前，人类便具有可辨识出心理学题材事实的智力与反省力
了。技术知识方面的情况亦是如此。罗马人老早就对于建造蒸
汽机的基本机械原理与物理原则知之甚详了，可是这些东西结
果却只被亚历山大大帝利用来造玩具而已。当时因为缺乏迫切
的需要，因此没作更进一步的研究。到了十九世纪，因为需要
劳工的分类及专门化，所以才有了运用一切可应用的知识的必
要。同样，由于我们今天开始感受到精神上的需要，所以才有
心理学的"发现"。当然，过去从未有人怀疑心理不存在的情
况，只是过去没引起人的注意——没人注意到它的存在。人们
跟它在一起却没看到它。可是今天如果我们不全力去研究心理
的运作方式，便无法继续生存下去了。

最先注意到此现象的便是医学界的人士；因为牧师只是一
心一意地把精力集中在建立一个不受干扰的心理机制，且归属
于人们所公认的信仰体系里。如果说此一体系能够真正地表达
生活的话，那么心理学便只能成为健全生活的附属品，而心理
本身便不再会有问题了。当人仍然过着群体动物生活时，他可
说是没有自己的心理；其实他也不需要自己的精神生活，只需
与常人一样，相信灵魂不灭说便可以了。可是一旦他感到无法

再接受降生地宗教形式的约束——此宗教已无法包容其生活的全部——那么心理学便成为不能仅以教会标准去处理的独立存在了。这就是为什么今天我们有一种以经验为基础，而非以信仰教条或任何哲学体系为基础的心理学。我们之所以有此种心理学，在我看来，可以说是一种精神生活的深度不安现象。一个时代的精神生活的分裂，和一个人的精神生活的激烈变化，其形式是一样的。只要一切正常，精神得到适当正规的运用，我们内心便不会有不安的感觉。不受到迷惑或疑虑的袭击，我们便不会有崩溃的现象。可是只要任何一两个精神动向受到了阻碍，我们便会有像河流受到阻塞的感受。水会向其发源地倒流。内在的人需要一种外在形体的人所不需要的东西，于是我们的内心便起了冲突。唯有陷入此一悲惨状况后，我们才会发现心理；换句话说，我们才会开始感受到，意志已受到了阻碍，这实在令人疑惑不解且充满敌意，也是我们的意识观容纳不下的。弗洛伊德在精神分析方面所下的工夫，把这一点说明得最清楚。他最先发现的是，不正当的性生活及犯罪意念的表面意义和一个文明人的意识观是势不两立的。凡是受到这些观念影响的人便是叛道者、罪犯或疯子。

我们不能假设说，此部分的无意识或人类心理中的前端部分是全新出现的东西。也许它早已在每个文化中存在很久了。

每个文化中都产生出和它相反、破坏它的东西，然而在我们之前的文化或文明都未曾被迫正正经经去研究这些心理的潜流。心理生活一向都以某种形而上学的体系表达出来。可是，有意识的现代人虽然已经很顽固地用尽了各种方法去尝试，如今也不得不承认精神力量的强大性。这便是现在与过去的区别所在。我们已不可再否认，无意识激动时的巨大的影响力，至少是在目前我们已经无法运用自己的理智去对付的精神力。我们甚至已经把这些力量当做一门科学来研究——这可以说是我们热忱于此的明证之一。就前人而言，它们是可忽视的东西；可是对我们而言，它们就像是一件脱不掉的内萨斯衬衫（a shirt of Nessus）。

世界大战的浩劫所带来的我们意识观的革命，已在我们的内心生活中产生了，它摧毁了我们的信仰和价值。通常我们把外国人讥为政治与道德的堕落者；可是，现在的现代人已不得不承认，从政治与道德上来看，他和任何一个外国人比起来都是一样的。以往我总相信，我有要他人遵守秩序的责任；现在得承认，我应该纠正纠正自己了。我之所以义不容辞地这样做，原因是已看得很清楚，我对于理性世界组织存在的可能性已感到渺茫。那种千福年的古老梦想，那种世界大同的梦想，已经渐渐褪色了。现代人在这方面的疑惑，已使他本来对政治与世界改革的热忱冷却了；更有甚者，对于应用其精神力量到外在世界也已不再那么乐观了。由于他的疑惑，现代人须反求诸己，他的能力开始流向其来源了，把一直就存在于那里的，但因过去水流一向都还顺利而深藏于泥泽中的心理内容冲击到水面上来。中古时代的人对世界的看法与我们何其不同！对他们而言，地球是固定在宇宙中间不动的，而周围便是供给它温暖的太阳。所有人类都是上帝的子民，受永享幸福的天神抚爱；他们都确知所应该做的，他们亦都知道怎样在一个腐败的世界中拯救自己，以求得永恒幸福的人生。像这样的生活对我们而言，即使在梦中也不再如此了。自然科学早已把这个可爱的面纱撕成碎片。那个时代就和孩童时代一样，已经离我们相当遥远了，那是个孩子们相信父亲是世界上最英俊、最强壮的人的时代。

现代人已经失去其中古时代兄弟们所拥有的心理信心，现代人的信心都已为物质安全、幸福及高尚等理想所代替。可是这些理想要能实现，所需要的乐观成分当然更多。甚至物质的安全现在亦成为泡影了，因为现代人已开始发觉，在物质上的每一次"进步"总是带来另一次更惊人的浩劫的威胁。单凭这种情况便足够令人不寒而栗了。要是有人看到今日的许多城市为了预防有毒瓦斯的攻击而置有全套设备，而且还常举行"演习"，不知他们将作何感想？他们唯一的办法便是假设此种袭击都已有所计划，都已准备妥当——同样亦是根据"在和平中准备应战"的原则。要是让人把破坏性武器都集中在一起，那么他心中的恶魔一定禁不住要把它们作致命的运用。大家都知道，只要把足够的武器放置在一块，那武器便会自动引发爆炸。

赫拉克利特所谓的"对抗转化"（enantiodromia）法则——应危急之需的临时法——已经偷偷地潜入了现代人的心扉，使他恐惧，使他于面对这些野蛮力量时，对于社会与政策力的最后效果失去了信心。倘若他开始离弃此一充满绝望、完全由不断建设与破坏而构成的盲目世界，开始往自己内心深处作探察的话，他一定会发现，那也是一个他乐意离开的充满混乱与黑暗的地方。科学甚至已经把内心生活的避难所都摧毁了。昔日是个避风港的地方，如今已成为恐怖之乡。

然而我们能够在内心深处发觉到这么多的恶魔，可算是一大慰藉了。至少，我们可相信，我们终于把人类的恶根找到了。虽说一开始不免惊讶、失望，然而由于这些都是我们内心的最好说明，我们多多少少已把它们控制在手中，因此，我们可去纠正它们，或至少可有效地消灭它们。我们想作个假设，如果真能成功的话，我们一定能把世上的某些罪恶铲除掉。我们愿意去设想，既然我们对无意识及其运作方式已有如此渊博的知识，人人都将了解一位不自知其不良动机的政客，而不为之所骗，报纸会提醒这位政客："请你去接受分析吧！你正患有压抑的恋父情结。"

我选取此一古怪例子的目的是要指出，我们每个人的心中都有个荒谬的错觉，以为凡是心理之物，便属于我们控制范围之内。当然，世界上大部分的罪恶，一般说来，都是当人类处于昏沉的无意识的情况下产生的，一旦渐渐有所觉察了，我们便会和此罪恶的根源搏斗。科学使我们有对抗外来攻击的能力，而觉察便可协助我们去处理来自内心的问题。

过去二十年来，对"心理学"普遍兴趣的滋长已充分证明了一点，即现代人已多多少少开始把注意力由物质转回到内在问题上了。我们该称这只是一种好奇现象吗？某种程度上，艺术有办法预期，人类未来的基本看法会产生何种改变，而表现主义者的艺术早已把这更常规的主观变化选为其表现的题材了。

今天的这种心理学兴趣证明了，人类已期望从他未曾在外在世界中接受到的心理生活里有所收获——某种显然是存在于宗教中，但已找不到的东西，至少对现代人而言，确实是如此的。宗教的种种仪式对现代人而言已不再是发自内心的宗教——不再是其精神生活的表现；在他看来，那只能被归入外在世界中的东西。他已无法获得非俗世精神的启示，可是他把各种宗教与信仰都当做星期日的礼服，一件一件地穿了又穿，然后又精疲力竭地一件一件脱掉丢在一旁。

然而，他似乎已渐渐被无意识心理的病理现象吸引住了。我们必须承认这个事实，不论多么难理解为什么前人不要的东西现在却会突然引起我们的兴趣。大家已开始对这些问题产生兴趣的事实是毋庸置疑的，尽管它们可能会打破兴趣。我的意思并不是指，只把心理学当做一门科学去看待的兴趣，或是对弗洛伊德心理分析的更狭窄兴趣，而是指对不断发展壮大的唯灵论（spiritualism）、占星术、通神学以及其他种种心理现象的普遍兴趣。这是自十七世纪以来未曾有的现象。能与它媲美的只有耶稣诞生后的第一、二世纪时大为盛行的诺斯替思想。事实上，今日的精神潮流和诺斯替教有根深蒂固的相似性。今天，在法国甚至有一所诺斯替教堂，而在德国我亦知道，有两派公开宣称自己为诺斯替教。这种大规模的现代运动，毫无疑问可以说就是通神学及欧洲大陆的灵智学（anthroposophy）；这些都是穿上印度教外衣的诺斯替教。和这些运动相比，目前一般对科学心理学的兴趣可说微不足道。诺斯替教体系最特别的部分，便是完全建立于无意识表现的基础上，而且其道德教义并不只适用于生命的阴暗面。就其在欧洲复兴的形式而言，印度的贡荼利尼瑜珈论（kundaliniyoga）[①]亦有很清楚的说明。

　　毫无疑问，对于这些运动的热衷，一定是来自一种不能再以陈腐的宗教形式表现的精神力。因此，此类运动便具有实际的宗教性，即使它们佯称是属于科学的。虽然鲁道夫·斯坦纳[②]把他的"灵智学"称为一种"精神科学"，而艾娣夫人[③]发现了"基督教科学"（Christian Science），但都改变不了任何事实。这些隐藏的企图只不过说明了，宗教已变得越来越可疑——几乎可比拟政治和世界改革了。

　　现代人和十九世纪的兄弟们完全不同。现代人已经满怀希望地把注意力集中到心理上去，在我看来并没有夸大其词；他的这种做法是完全不求助于任何传统信仰的，而是一种可归入

---

① 字面为"蛇力"之意。此派瑜珈术最终目的在于唤醒人脊骨内的潜力，并使之成蜷绕状的蛇形出现。——译者

② 鲁道夫·斯坦纳（Rudolf Steiner, 1861—1925），德国哲学家，曾自一八九○年至一八九七年之间从事歌德与席勒作品整体编纂工作。最初，他曾被拥为德国通神学的精神领导者，数年后因活动变异，看法思想不同，而被剥夺了会籍。此后，他便自创灵智学。一九一三年，灵智学学会成立。——译者

③ 艾娣夫人（Mary Baker Eddy, 1821—1910），美国"基督教科学派"的创始人，创办《基督教科学箴言报》，创建基督教科学教会。她的一生是她信仰的最好明证。她主张：祈祷、工作，加上自我牺牲，是上帝赐予全人类达到基督教化福祉的方法。——译者

诺斯替教之类的宗教经验。由于上面所提到的运动都尽量以科学的姿态出现，因此倘若我们斥之为一种胡闹或假面具，便大错特错了；他们的做法证明他们不再具有追求西方宗教精华的信念，而是实际上在从事"科学"或学问的探求。现代人对于从信念出发的教理及建立在这些教理上的宗教已感厌烦了。只有当这些教理的知识内容能够和他的心理生活的内在经验相一致时，他才肯加以拥护。他要亲自去体验。圣保罗教堂的主教英奇也曾以同样的目标要求世人对英国圣公会内的一场运动特别加以注意。

发现的时代将于我们这一代结束，因为地球上已没有一个地方没被探险过了；其开端是当人们不再相信只有北温带的人住在永恒阳光的乐土上，他们想要用眼睛亲自去发掘、去探索在为人所知的世界范围之外还有什么东西存在。而我们这一代显然正要埋头苦干地去发现在意识之外的心理还存在什么。每一神灵论的团体里都有此问题：当灵媒失去了意识后，结果是怎样的呢？每个通神论者都问：在更高的意识界中，我可体验到什么呢？每个占星学者都提出这样一个问题：在我意识所能达到之外，决定命运的力量与因素是什么呢？而每位心理分析学者要知道：作用于神经症的无意识驱力是什么呢？

我们这一代希望在精神生活里得到真正的经验。我们所要的是亲身的体验，我们不想利用其他时代的经验为基础去推论。然而，这并不意味着我们要放弃一切推论的方法——例如那些经人认可的宗教与实际的科学。一个昔日的欧洲人如果对这些发现作深度的观察的话，他一定会大感惊讶，会觉得不寒而栗。他不但会视此学科的研究太笼统、太不可思议，而且一定会对于这些方法大感意外，因为他会认为这些方法等于是滥用了人类在学问上的最大成就。假使三百年前的天文学者知道当时的一千幅天宫图今天被画成一幅时，不知会作何感想？假设教育家及哲学启蒙的拥护者获知世人的迷信自古希腊到现在仍然未减少，又不知将说些什么？精神分析的鼻祖——弗洛伊德本人，已把存在于心理深处的一切泥渣、阴影及罪恶了解得极为透彻，而且把这些渣滓及废物公开出来；他费了九牛二虎之力，为的是要阻止人们去追求身后之物。结果他一无所获，他的警告甚至带来了反效果；很多人竟开始对这些渣滓非常珍惜。这是道地的反常现象；除非我们把这种现象解释为完全是基于心理本身所具有的吸引力，而不是一种对渣滓的喜好，否则是无法为它作任何解说的。

毫无疑问，自从十九世纪之初——法国大革命以来——人们便开始渐渐重视心理了，由于受到重视，它才慢慢显出吸引力。理性女神在巴黎圣母院的登基对于西方世界似乎可以说是一项有重大意义的象征行动——几乎可媲美基督传道士们所谓砍掉沃登橡树（Wotan's oak）的含义。正如在法国大革命期间一样，他们当时亦缺乏一支从天上射来、要惩罚冒渎神明者的复仇之箭。

事情就是这么巧，正当此时，一位名叫安基提尔·杜佩隆的住在印度的法国人，于十八世纪初叶带回来一本 *Oupnek'hat* 的翻译本——一部有五十篇文章的《奥义书》（*Upanishads*）。此书使西方人对于充满神秘的东方人的精神有第一次深刻的认识。在历史学家看来，这纯粹是一种毫无因果关系的巧合而已。可是就我的医学经验而言，我无法把它当做是偶然的意外看待。我认为，这是满足了一种心理规律，这一规律至少在个人生活中是完全真实有效的。这一规律表明每次意识生活中某部分失去重要性与价值的心理活动都会在无意识中马上得到补偿。这一点，我们可从物理世界中的能量守恒定律发现其相似性，因为我们的心理作用中亦有量的存在。任何心理价值在被其他相等价值代替以前是不会消失的。这便是心理治疗师日常业务中的实际法则；它已经再三为人所确认，从未失效。作为一名医生的我毫不迟疑地说，一个民族的生活同样不能不合乎心理规律。在医生的眼光里，一个民族的精神生活不过稍比个人复杂而已。而且，话说回来，诗人不是常谈到灵魂的国度吗？在我看来，这是个正确的说法，因为就某方面而言，精神并非来自个人，而是来自整个民族与全体人类的。就某种意义而言，我们只是一种无所不包的精神生活的一部分，或套句斯威登堡人的话，是一个"圣人"的一部分而已。

如此一来，我们便可打个比喻。正如作为人类的一员，在我体内的阴影为我唤起了有利的光明，因此在一个民族的精神生活中，黑暗也同样可带来光明。那些拥入圣母院的群众，每个人心中都有破坏之心，黑暗与莫名力量发生了作用，使每个人提起了脚步；同样的力量也在安基提尔·杜佩隆身上产生了作用，这一点在历史中我们找到了答案。因为他把东方人的精神带给了西方人，其所产生的影响程度，至今我们仍然无法估计。请大家千万别低估了此一价值！当然，就欧洲目前的智识界而言，其影响力也许我们还不太看得出来；只有零星几位研究东方的学者，一两个热衷于佛学的人，以及几位诸如布拉瓦茨基①和安妮·贝赞

---

① 海伦娜·彼得罗夫娜·布拉瓦茨基（Helena Petrovna Blavasky，1831—1891），俄国女通神学者。她自十七岁起即遍游印度、墨西哥、美国等地。一八五六年曾到过中国的西藏。一八七三年前往纽约，与当地的许多名人颇多交往。于一八七五年创立了通神学学会。——译者

特①等忧郁名士而已。这种情况令人想起茫茫人海中的零星小岛；事实上，他们就像是海中一些颇具规模的山脉高峰。直至最近以前，人们坚信，占星术早已被束之高阁了，而且可被拿来当做笑料看待了。然而，今天，它却从社会的内部崛起，三百年前被贬出大学门外的东西，现在又在敲门了。东方的思想情况亦是一样；它最初是植根于社会底层中，而现在却慢慢地滋长茁壮。在多那赫建造灵智学庙宇所花费的五六百万瑞士法郎是怎么筹得的呢？当然不是一个人独捐的吧？很遗憾，没有精确的统计数字可告诉我们，今天公认自己是通神论信徒的确切人数有多少。可是我们相信，其数目一定高达好几百万。除此之外，还须把几百万基督教唯灵论者或有通神论倾向的人计算在内。

伟大的革新从不来自上层，它们一向都来自底层；正如树从不由天空往下长，而是由地上往上生的道理一样，虽说其种子都是从上面掉到地上的。世界上的动乱和我们意识的纷乱都是同一回事。万事万物都有关联性，因而令人迷惑。当人们面

---

① 安妮·贝赞特(Annie Besant，1847—1933)，英国通神学家。她是布拉瓦茨基的最忠实信徒。两人都曾特别亲赴印度研究通神学。在印度期间，曾参与当地的政治，相当活跃。——译者

对这样一个世界时，踯躅不前、疑惑不解：一个充斥和平条约
与友好条约、民主与独裁、资本主义与布尔什维克主义的世
界。面对着这一切，人的精神渴望追求某种可减轻其疑惑与纷
乱痛苦的答案。一般而论，社会上能够受心理无意识力量支配
去行事的，都是较低阶层的民众，那些在地方上较为人瞧不
起、较少发表言论的人——那些和声势显赫者比较之下，较缺
乏学理偏见的人。站在高处去看，这些人大部分都像是一群悲
惨的、可笑的喜剧演员；然而事实上，他们却都像那些受上天
宠爱的基督徒们一样纯朴。难道看到一个人心理中渣滓已积有
一尺之厚还可能无动于衷吗？我们发觉在《人类繁衍》里，许
多最无聊的胡言乱语、最荒唐的动作和最粗野的幻想都有极详
尽的记录；同样，埃利斯和弗洛伊德两人亦在他们的重要论文
里对这些东西有所涉及，让他们得到了科学界的许多赞誉。他
们的读者已遍布文明的白人世界。对于此种令人讨厌的东西所
具有的那种狂热，那种近乎疯狂的崇拜现象，我们要为它作何
解释呢？要这样解释：令人生厌的是心理的东西，是精神的构
成元素，因而其价值可与古代废墟中留存下来的断简残篇等量
齐观。甚至内心生活的秘密与令人感到刺耳的东西，对现代人
而言，亦是无价之宝，因为这些东西令他们有受用无穷之感。
然而，所谓的用处何在呢？

弗洛伊德于其《梦的解析》一书里有一段引语：Flecteresi nequeo superos，Acheronta movebo——我要是不能使诸神屈服，也要把阿谢隆河①闹翻。其用意又何在呢？

那些我们要推翻其宝座的诸神，便是在我们意识世界里受到极大崇拜、被视为极珍贵的价值。大家都知道，古代诸神之所以声名狼藉，是因为他们的艳事相当丑陋；现在历史又重演了。世人已开始把一向为我们所赞扬的美德与高超理想背后隐藏的弱点揭露出来，而且正以胜利的姿态向他们喊叫："你们这些神本是人自己制造出来的，仍然免不了人所具有的弱点——是一些充满死人骨骼与污秽物的坟墓。"我们可从中听到一种熟悉的声音，我们一直不能拥为己有的福音又出现了。

我深信，这些相似性并不很牵强。有很多人对弗洛伊德的心理学远比福音更重视，而且有些人甚至把苏联的政策奉为市民道德的圭臬呢！这些人是我们的兄弟，而我们每个人心中至少都含有一点同情这些论调的呼声——因为终究有一个普遍存在的心理生活环抱着每个人。

此一精神变化所带来的意外结果是，一张更丑陋的脸出现在世人的眼前。这种丑陋几乎让我们不会去喜欢——甚至我们

---

① 阿谢隆河，罗马神话的冥河界名，故又可作冥界讲。——译者

都不喜欢自己了——而最后的结果一定是，外在世界无法打消我们探求内心生活真相的兴趣。无可置疑，这便是此一精神变动的真正意义所在。毕竟，以因果报应（Karma）和肉体化身原理为主的通神论，除了说明这个现象世界只不过是个供那些仍未到达完美道德境界的人的暂时休养地外，还有别的教诲吗？它和现代观念攻击现今世界的激烈程度可以说不相上下，只不过是技巧不同而已；它不会对我们的世界有丝毫损伤，反而为我们提供了另外一个更高超的世界，更显出其价值来。

我承认，这一切的观念是极不"学术"的，因为它们涉及了现代人感受最深刻的部分。难道现代思想与爱因斯坦的相对论、令我们放弃决定论与视觉表象的原子构造论之间的关系，又算是纯粹巧合吗？甚至物理学家都在消解物质世界。我想，这可说明为什么现代人要一心一意向精神生活投靠，期待从该处获取外部世界不能给予他的真切的信心。

可是，就精神而论，西方人的生活动荡不安——倘若我们继续对精神之美存有错觉，对于此种残酷事实无所知悉，那么其危险性就要更大了。东方人为自己烧香，因此陷入了自己制造的烟雾中而看不清自己的面目。然而我们该如何去感动另一种肤色的人呢？中国人或印度人对我们会怎么看呢？我们在黑人心中引起了怎么样的感想呢？那些我们侵占了他们的国土，用甜酒与性病去消灭的人，对我们会有什么样的看法呢？

　　我认识一位红印第安的朋友，他是美国西南部一个印第安村庄的村长。有一次，当我们正毫不拘束地谈论白人时，他对我说："我们不了解白人；他们老是渴求东西——老是坐立不安——老是追求某种东西。那是什么东西？我们不得而知，我们确实无法了解他们。他们有尖锐的鼻子，薄而残酷的双唇，脸上的纹路那么多。我们看来，他们都是疯子。"

　　我这位朋友虽然无法正确地说出个名称，显然，他已把这只贪得无厌、幻想到处——甚至即使是跑到那些与他毫不相干的地方——为王的雅利安猛禽看穿了。他同时也指出，我们企图在万事万物中，将基督教义当做唯一的真理，认为我们白种人的基督便是唯一的救世主，这其实是夸大狂想症。当我们用科学和工业技术把东方搞得动荡不安、人心惶惶时，更从那边榨取贡品，甚至派遣传教士到了中国。派到非洲的传道团体把当地的一夫多妻制废除后，结果娼妓制度大为流行。在乌干达每年便要浪费二万英镑防止性病蔓延，而道德水准低落更不用提了。善良的欧洲人还发薪水给这批履行教导工作的传教士们！更不用提及在波利尼西亚（Polynesia）的苦难故事及鸦片贸易所给予他们的福祉了。

　　这便是当欧洲人走出自己的道德香雾外所现出的一副本

相。无怪乎在翻出久经埋藏的精神生活残卷之前，我们得先把这一乌烟瘴气的沼泽清除干净不可。只有像弗洛伊德这样一位伟大的理想家才会穷其毕生之力去担当此一清洁的任务。这正是我们心理学的起点。对我们而言，唯有从此一目标出发，才是探求精神生活实体、探求那些和我们格格不入及不愿看到的东西的办法。

可是，如果存在于心理的只是一些对我们无用的罪恶东西，那么即使费尽九牛二虎之力亦无法要任何正常的人佯称喜欢。这就是为什么，许多人以为通神论只不过是一种令人沮丧的、浪费脑筋的肤浅东西，而弗洛伊德的心理学只不过是享乐原则而已。他们因而预言，这些运动将逃避不了夭折或不光荣的命运。这些人显然忽略了，这些运动的力量来源乃是由于心理生活本身所带有的吸引力。毋庸置疑，他们所带来的这种热衷也许会造成其他结果；然而在没有更佳成果来临之前，这些便是目前的形式。迷信与固执毕竟是同一种东西。他们是许多新颖的、更成熟的形态出现之前的过渡、胚胎阶段。

不论是站在学术的、道德的或美学的立场来看，西方人心理生活的潜流呈现在眼前的，并非是个有趣的画面。我们在四周建立起一个值得纪念的世界，而且使尽全心全力去为它效劳。但是，它之所以如此醒目，是因为我们把本性一切最醒目的部分都表现在世界上了——而当我们向内心作探求时，我们所发现却是如此破烂不堪，如此懦弱无能。

我深知，这样讲可以说是已预期了意识的真正发展趋向。到目前为止，仍然无人对于心理生活中的这些事物有任何通盘的了解，西方人只不过正在向认知这些事实的大道迈进罢了。由于某些理由，他们对此曾有一番极痛苦的挣扎。当然，施本格勒的悲观主义确实带来了某种程度的影响，然而此种影响已经很安全地只限于学术圈内。至于心理学的见解，因它一向都侵犯私人的生活，很自然地便遭受到个人的反抗与拒绝。我并非说，这些反抗都是无意义的；相反，我把它们看做是对付具有威胁的破坏力的健全反应。一旦相对论被用来作为一种根本的、最后的原则时，它便具有破坏力了。因此，当我要大家把注意力转到心理中那种可怕的潜流时，我的目的并非要高唱什么悲观的论调，我只是希望强调一个事实，无意识不但对病人有极大的吸引力，对于健康的人或具有创造力的人亦如此——虽说它也有可怕的一面。心理的内部便是本性，而本性便是一种创造性的生活。当然，本性会把自己所建立的东西摧毁，可是也会把它重建起来。不论现代相对论在有形的世界中破坏了多少价值，心理一定会产生出相等量的东西。起初我们无法预见那些阴暗的、讨人厌的东西所通向的路途——可是无法忍受这一景况的人一定也看不见光明与美丽。光明永远诞生于黑暗之中，而太阳目前仍然还未停在空中不动以便满足人的渴望，或扫除恐慌感。难道安基提尔·杜佩隆的例子不是已对我们显示了精神生活是怎么从黑暗中拯救自己的吗？中国人不相信欧洲人的科学与工业技术正准备毁灭他们，为什么我们要相信我们一定会被东方人神秘的、精神的影响力所毁灭呢？

但是，我忘了一点，就是我们都未曾发觉，当我们正用工业成就把东方人的世界搞得天翻地覆之际，东方人亦正以其精神成就把我们的精神世界弄得狼狈不堪。我们仍未想到，当我们从外面把东方人打败之际，也许东方人正从内部把我们控制住。这种观念乍听之下也许会令人大为惊慌，因为我们的眼睛只能了解那些粗陋的物质关系，却无法了解，我们应该把错处归到由马克斯·缪勒①、奥登堡、纽曼、多伊森②、威廉及其他人引起的中产阶级学术混乱。罗马帝国的例子所给予我们的教训是什么呢？征服小亚细亚后，罗马亚洲化了，甚至欧洲也受

---

① 马克斯·缪勒（Max Müller, 1823—1900），英籍德国人，研究东方的学者，比较语言学家。——译者

② 保罗·多伊森（Paul Deussen, 1845—1919），德国哲学家与梵文学者。他的哲学观是，空间世界与物体是一切重要经验意识的表现形式。就他的理论而言，非空间的、非时间的才是真实的。——译者

到亚洲的感染，直到今天未曾改变。对太阳神的崇拜——罗马军队的宗教——是从西里西亚来的，它从埃及传播到布满沼泽的大不列颠。难道我还需要把基督教义的来源地——亚洲——指出来吗？

我们仍然无法彻底了解这个事实，西方的通神论只是一种属于东方式的浅薄模仿。我们只不过刚刚着手研究占星术而已；可是对于东方人而言，这等于是他们每天的面包。我们研究性生活，起初是从维也纳和英国开始的，但却比不过印度人在这方面的研讨。有一千年之久的东方典籍能把富有哲理的相对主义介绍给我们，而不久前在西方诞生的非决定论仅是中国科学的基础。卫礼贤甚至对我说，分析心理学所发现的某些复杂心理作用可以很清楚地从中国古文献里找到。精神分析本身及因之而出现的各种主义——不用说这是西方人所发展出来的——和东方人的古代艺术比较，可以说只是一种初学者的尝试。在此顺便一提的是，精神分析和瑜珈论的相似性，奥斯卡·A·H·施米茨早已做过了追溯。

通神论者有个可笑的想法，认为某位住在喜马拉雅山或西藏的圣人可以启发或引导世人的思想。东方对魔力的信仰给予欧洲人的影响力大到甚至有人说，我的一切理论都是受那圣人的启示，而我自己的灵感根本不算什么。这种在西方大为流行，而且甚受信仰的圣人神话当然不是荒唐的，而是像每种神话一样，是一种重要的心理事实。在我看来，似乎东方正是今天我们所遭遇的精神变化的根本。不过，这个东方并不是什么充满了圣人的西藏寺院，而就某种意义而言，是深藏在我们心中的。新的精神形式将会从我们心理生活的深处出现；它们将可协助我们消除雅利安人的那种无限制的贪欲表现。也许我们将会开始了解，那种在东方已经发展成一种空灵的无为主义生活的某种轮廓，以及当认为精神与日常生活必需品有同样重要性时，人生所要求的那种踏实稳当。然而，一切正盛行美国化之时，我们仍然与此阶段相差甚远。在我看来，我们只不过是刚踏入一个新精神纪元的门槛而已。我不敢以先知自居，可是为了把现代人的精神问题理出一个大纲，我必须把处于动荡不安时局下那种对安定的渴望特别加以强调，亦不得不把在朝不保夕之下对安全的那种企求指出来。新方式生活的产生有其现实压力上的需要，并非出自纯幻想或我们理想上的需求。

据我观察，今天的心理问题之谜，可从精神生活对现代人所具有的那种吸引力寻求解答。倘若我们是悲观主义者，我们要称它是一种颓废的象征；倘若我们较乐观些，便会把它看做是西方世界中即将产生的一种深刻的精神变化。总之，它是一个重大的象征。由于它的范围非常广阔，因此更显得令人瞩目；由于它的精神力量使得人们的生活方式产生了一种无形的变化——而且正如历史所证明的，是不可预期的——因此就显得至关重要。这些至今仍然令许多人无从观察的力量，便是现在大家对心理学发生兴趣的原动力。当精神生活的吸引力强大到令人不为之感到绝望或沮丧时，就不会是病态的或错误的了。

放眼遥望这片白茫茫的世界，一切都显得那么荒凉、陈腐。现代人受本能的支使，放弃了前人走过的路，另辟蹊径，这和希腊罗马人遗弃那些陈旧的奥林匹亚诸神，转而相信亚洲的神秘祭仪是一样的。深藏在我们心中，促使我们向外追求的力量，已和东方的通神论与魔力合而为一了；另外，这种力量亦是内向的，促使我们对于无意识心理特别加以注意。同样，它亦在我们心中产生了如同释迦牟尼于放弃了两百万个神祇时所具有的那种质疑与毅力。凭借着这些，他才能领悟出那种令人折服的本原经验。

因此，现在我们必须最后提出一个问题。我所说的现代人的一切是真有其事呢，还是只不过是错觉现象的结果呢？毫无疑问，一定有成千上万的西方人把我所提到的事实看做毫不相关的意外事件；甚至对大部分的受教育的人而言，它亦只能算是一些令人遗憾的错误而已。可是我要问：当基督教盛行于低阶级民众时，那些有教养的罗马人作何感想呢？《圣经》中的上帝目前仍然活在西方人的心目中，和安拉（Allah）活在地中海以东的伊斯兰教信徒心目中一样。某一信仰者容易把另一种信仰斥为无知的异端，假使他改变不了他，便怜悯或容忍他。此外，聪明的欧洲人更相信，宗教之类的事对于群众或妇女是有益的；可是，和经济与政治比较起来，便显得微不足道了。

　　为此，我遭受到众人的唾弃，正像是一个当天空看不见一丝云彩，却预报说有暴风雨即将降临的人一样。也许他觉得，那是一场从地平线下升起的暴风雨——它可能到不了我们这里。然而，精神生活最主要的部分，永远是藏在意识地平线之下；我们所谈到的现代人的精神问题，当然只涉及那些看得见的东西——那些最切身的、最虚弱的部分——那些只在夜里开放的花朵。白天里，一切都是清晰的、摸得着的；可是黑夜长得一如白昼，我们也得在夜里生活。有许多人，晚上的噩梦常把他们的白天也剥夺了。由于许多人的白昼变为这样的噩梦，因此当他们的精神处于清醒状态时，却巴望着黑夜的到来。我甚至相信，今天像这样的人多得不可胜数，这就是为什么我主张，现代人的精神问题正如我讲过的，是确有其事的。事实上，我的看法不免有所偏颇，因为我并没有把现代人在实际世界中那种人人都看得很清楚的犯罪感指出。我们可以很容易地从国际主义或超国家主义的国际联盟等机构找到证明，亦可从运动，尤其是电影及爵士乐当中看到它。

这些当然都是我们这一时代特有的症状。这些症状说明人本主义的理想一定也得把肉体包括在内。运动，和现代舞一样，是人体特殊价值的代表。另一方面，电影和侦探小说一样，使我们可以在无危险之忧的情形下去经验一切人道生活中必须压抑住的兴奋、热情及愿望。要了解这些信号为什么与精神状态有关系的原因并不难。心理所具有的那种吸引力带来了一种新的自我评价方式——一种将人性中的基本事实作再评价的工作。此举导致我们毫不奇怪地发现，肉体过去一向都在精神压制下度过漫长的岁月。我们甚至要说，肉体已得到了向精神复仇的机会。当凯泽林①以讽刺的口吻指出，司机是我们这一时代的文化英雄，他的话可说是一针见血。肉体应该接受同等的待遇；和心理一样，它亦有其吸引力。如果我们仍旧摆脱不了精神与物质相对立的陈旧观念的话，现阶段的情况可以说是一种令人无法忍受的巨大矛盾，它甚至会使我们与自己分裂。

① 凯泽林（H. C. Keyserling，1880—1946），德国哲学家。他曾在俄国、瑞士及德国等地研究自然科学，在巴黎研究艺术及哲学。由于他所研究的项目包括科学、文学与哲学，因此哲学观亦非常独特。——译者

可是，倘若我们能够缓和下来，相信精神活生生地存在于内部，而肉体则是活生生的精神表象——其实两者乃是一物之两面——那么，我们就能了解，为什么要超越现阶段的意识状态就得要以公平的态度去看待肉体的原因。我们也须看到，对肉体信仰无法容得下以精神代替肉体的观念。这些物质与精神生活的需要，和过去的一些相同的需要相比之下更加迫切，因而我们也许会把这种现象看做是堕落的象征。可是，我们亦可以说，那是返老还童的象征，正如荷尔德林①所说的"危险自身孕育着拯救的力量"（Danger itself fosters the rescuing power）。

我们实际所观察到的是，西方世界已激起了一种更迅速的节奏——美国节奏——与之相反的是无为主义与隐退的超然态度。于是，外在与内在生活之间，客观实在与主观实在之间，便形成了一个巨大的剑拔弩张之势。也许，它是年迈的欧洲与年轻的美国之间的最后一次竞赛；也许在意识下，人设法去逃脱自然法则的力量，并在沉睡的自然中去赢得一场更伟大、更光荣的胜利。两者是否各有其利与弊，则不得而知。有关此一问

---

① 弗里德里希·荷尔德林（Gohann Christian Friedrich Hölderlin，1770—1843），德国诗人。早年荷氏在写作方面，受克洛普施托克及席勒的影响很深。由于极热爱古希腊及其神话，再加上他自己的泛神论观，因此他的作品便充满了预言性及幻想性色彩。——译者

题，历史将给予我们一个答复。

　　唱出这么大胆的高调之后，在结束本文之前，我想再回到起初我所答应过的谦虚与谨慎的诺言。其实，我不敢忘记，我的言论只不过是一个人的呼声而已，我的经验只能算是沧海一粟，我浅薄的知识比显微镜下的视界大不了多少，我所见的只不过反映出世界的一角，我的看法只不过是一种主观的表白而已。

心理医生与牧师

其实，医学心理学与心理治疗进一步的新发展，其原动力并非源于科学工作者所提出的许多问题，而是由于病人在精神上感到迫切需要而造成的。医学过去一向都尽量避免涉及精神问题。虽然病人有此种迫切的需要存在，它仍然坚持其一贯的立场，其理由是建立在一项似是而非的假设上：认为精神问题是属于其他学科研究范围的东西。可是，最后它仍然要被迫扩大其研究范围，将实验心理学包括进去，因为受到了不断的催促——从相信每个人自生物学观点而言是相似的——被迫去利用其他诸如化学、物理学与生物学等学科部门的成就。

为这些学科开拓出一个新方向是很自然的。我们可把这种变动描述为，除了本身自有其目的外，由于这些学科亦具有可被应用到人类身上来的可能性，因此存在更大的价值。例如，精神病学便是自己从实验心理学的宝箱中脱离出来，而以包罗万象的精神病理学——研究复杂心理现象的通称——为其根基的。严格地讲来，精神病理学的一部分乃是建立在严格定义的精神病学的新发现上，另一部分则建立在神经病学的发现上——神经病学包含了心因性神经症，以目前在学术界中广为人知的说法认为。总之，在过去的几十年中，受过训练的神经病学专家与心理治疗专家之间已经有了隔阂，其原因可追溯至有人开始从事催眠术的研究时。这种分歧是不可避免的，因为神经病学乃是专门研究器质性的神经疾病，而心因性的神经症，一般而论，所研究的并非器质性的疾病。而这些神经症也并不包括在精神病学范围之内，精神病学的特殊研究范围是心理疾病或精神疾病，但心因性神经症并非如一般人所说的，是心理疾病。它们有其不变的特殊研究范围，而且具有两种不同形式的过渡现象：一方面趋向于心理性疾病，另一方面则趋向于神经性疾病。

神经症的最大特征是，其原因是属于心理方面的，而其治疗则完全以心理治疗为基础。由于要将此一学科的范围加一界限并且作详细的探讨——从精神病学与神经病学两方面下手——因而带来了一种极不受医学欢迎的新发现：即心理是该疾病的病源或因素。十九世纪时，医学把其方法和理论塑造成符合自然科学的法则，而且采信了自然科学的基本假设——物质因果说。就医学而言，心理本身是不存在的，而且实验心理学亦一直设法使自己走上没有心理的心理学道路。

可是，经探求的结果已证明，毫无疑问，神经症的谜底从精神因素方面便可找到答案；而这一点便是病理状态的最主要原因，因此势必和其他诸如遗传、气质、病菌传染等病理因素一样，被认为是正确的。一切想依据更基本的物理因素去解释精神因素的企图势必徒劳无功。如果我们利用驱力或本能的观念——这是取自生物学的一个观念——去为心理因素描绘界限，将会有更大的发现。大家都知道，本能是一种可观察出来的生理冲动，其来源是各种生理腺体所产生的作用，而且根据经验的结果，它们会引起心理作用的反射，或影响心理作用。因此，要了解心理性神经病的原因，难道还有其他的办法比从研究那种最后利用药物治疗生理腺体的方法去治愈冲动的紊乱，而不研究"灵魂"神秘观念的方法更快的吗？事实上，这便是弗洛伊德当初以性冲动受干扰的解释法为依据，去解释神经症而创立其有名的理论时所采取的观点。阿德勒亦同样采用了驱力观念，而且以其权力欲受到干扰来解释神经症。其实，我们该承认，阿德勒的这个观念和生理学的差别已相去甚远，比性驱力更具有精神性。

本能观念除了仍未被划出其科学定义之外，什么都具备了。它可应用到一种极复杂的生物现象上，而且不过是一种没确定性的内容，代表某种不可知的数量而已。在此，我不拟再将本能观念作进一步的讨论。我很想看看，如果把心理因素当做是由本能集中而成的东西，这些本能也许会再度成为只不过是种生理腺体发挥功用的可能性到底有多大。我们甚至要讨论，是否可能把凡是被称为精神的东西，都包括在本能范围内。因此，心理本身便只是一种本能或一种本能团状物的东西而已，因为经最后分析的结果，它只能算是生理腺体发挥功用所引起的现象。果真如此，神经症便是生理腺体的毛病而已。可是，这种说法仍然未经证实，而且仍然没人发现一种可治愈神经症的腺液。相反地，我们发现，利用治疗器官的药物根本无法治疗神经症，而用心理疗法却反而容易奏效！这些心理治疗的效果其实正和我们期望腺液所可能达到的效果一样大。因此，就我们目前的经验而言，如果我们研究那些已经不能再进行元素分解的分泌液，而不从研究有其实在性的心理活动下手的话，那么神经症是不可能治愈的。譬如，一句对病人的适切解说或一句安慰话，甚至会产生可能影响腺分泌液的治疗效果。当然，医生的话只不过是耳边风，可是医生的心理状态往往可能影响病人而使之产生相应的心理状态。唯有具有某些意义或含义的话才可能会产生治愈效用。但是，"意义"乃是心理上或精神上的。要说它是虚构的亦未尝不可。然而其影响病人的程度远比化学配药要有效多了。我们甚至可利用它来左右肉体的生化作用。不论这虚构的东西是自然在我心中生起的，或是受他人的话的影响在我身上起作用的，都可令我生病或治愈我。当然世界上一切的虚构、幻想和观念是最不切实际的、最不真实的东西；可是在精神领域里或甚至在心身反应的领域里，它的效果可以说是无可与之媲美的。

由于认清这些事实，科学才发现了心理，而我们现在已带着敬意承认其实际性了。过去有人说，驱力或本能是心理活动的条件，可是从各方面看来，显然是心理作用影响本能，而非本能影响心理啊！

错误并不在于弗洛伊德与阿德勒以驱力为基础的理论，不过他们却犯了太偏激的毛病。他们所代表的心理学忽略了精神，因此只能通用于那些相信自己没有精神需求或渴望的人而已。于此，医生和病人根本是瞒骗了自己。虽说弗洛伊德与阿德勒的理论，和前人想从医学方面下手去研究神经症问题比较之下，已更接近真实了，但他们仍算是失败者，因为他们只一味研究驱力以满足病人的内在精神需求而已。他们仍然囿于十九世纪科学的假说，而且很容易令人有此感觉——他们太不注重那些虚构的、想象性的作用了。总之，他们把生活的意义看得太微薄了。其实，我们的生活之所以能得到解放与自在，正因为有其意义。

日常的推理现象、健全的人类判断以及科学作为常识的概括，这些东西当然可帮助我们走过人生旅程的一大部分，可是它们仍然超越不了日常生活中平凡的事实疆界。毕竟，它们无法为精神上的痛苦及其最隐秘意义的问题提供任何答案。一种神经症应该被看做是因不了解生命意义而受到折磨的现象。然而，精神的创造力及其进一步的向前迈进正是在精神受苦的状况下产生，恰是精神的停滞与心理的缺乏创造力才能造成这种病态。

能够领悟此一道理的医生方能看到展现在其眼前的广大视界。现在，他开始要将具有治疗功效的假说讲给他的病人听，把能鼓舞其生命的意义告诉他——因为这是病人长久渴望的，但不是理智与科学所能赐给他的东西。病人要追求一种能占据他的心灵，能令其神经性心理疑惑得以消除，且使其生命富有意义的东西。

医生若觉得无法担当此项重任，首先，他也许会把病人交给牧师或哲学家去处理，或令他在我们这个时代的困惑里自生自灭。就其作为一位医生而言，他并不需要对人生有完整的看法，他的职业道德并不对他作这种要求。可是，假设他对于病人的病根了如指掌的话，他或许会发觉，其病根在于只有性，但缺少爱；或是缺少信心，因而怕在黑暗中摸索；或是没有希望，因为对于世界及人生已感到幻灭；而且缺乏领悟力，因为已经看不出人生有何意义。

有许许多多受过良好教育的病人拒绝去请教牧师。他们更不愿去麻烦哲学家，因为哲学的历史让他们感到寒意，智慧问题对他们而言简直比沙漠更荒芜。到底要到什么地方才能找到不只空谈人生及世界的意义，而是真正已从人生及世界中找到意义的伟人呢？人的思想根本无法为病人设想出他所需要的规律或最终的真理——即信心、希望、爱心及见识等。

人生所要奋斗的这四大目标是上天赐予的礼物，既无法传授，更无法学习；既无法给予他人，亦无法取自他人；既无法制止，亦无法得到，因为它们都需凭借经验方能领悟到，因此就不是人的幻想所能得到的东西。经验是无法造出来的，是真实发生的——幸亏它们与人类活动之间的独立性并非是绝对的，而是相对的。我们可拉近其间的距离，这倒是人类做得到的。有些途径可使我们更接近活生生的体验，可是当我们称之为"方法"时，就得小心了，这两个字有一种缓和的效果。通向经验的道路是不能投机取巧的，而是一种我们须全力以赴的冒险。

因此，为了要达成此一要求，医生便要面临一个无法超越的问题：他必须知道如何帮助受苦者去获取具有解放功效的经验，以赐予他上述的四大恩惠，并且治愈他的病。当然我们可以善言劝慰病人，要求他应该有真正的爱，或真正的信心，或真正的希望；而且我们亦可这样责备他："人贵自知。"可是到底我们该怎么让病人在未曾有此经验以前获取只有经验本身才能赐给他的东西呢？

扫罗（Saul，即圣保罗信教前的名字）改宗信教的原因并非基于其真正的爱心，亦非真正的信心，更非其他的真理。就只因为他对于基督徒憎恨异常，才迈向通往叙利亚的大马士革的道路，迈向那决定他一生的体验的进程。他本想证明一件全然相反的事，不料得此体验。此种情形为我们开辟了一条解决人生问题的途径，值得尽全力去探讨，而且也使得心理治疗专家和牧师一样遭遇到一个问题：善与恶的问题。

事实上，最关心精神痛苦的该是牧师，而不是医生。可是，在一般情况下，受苦者首先都跑去请教医生，因为他自己猜想是身体有毛病，也因为有些神经症病征至少可用药物来减轻痛苦。然而，相反，要是他首先就去请教牧师的话，牧师也不会对病人说这是心理上的毛病。一般而论，牧师都缺乏可辨别疾病心理因素的特殊知识，而且他的判断不具权威力度。

不过，也有许多人虽然明明知道他们的毛病是心因性的，却偏偏不去求教牧师。他们不相信牧师可以真正对自己有所裨益。像这类人，他们讨厌医生的理由也是如出一辙。其实他们的理由亦无可厚非，因为医生和牧师都对他们束手无策，更糟糕的是——他们甚至对自己的困难无话可说。其实，我们不该指望医生对于此一灵魂的问题有何高见。受苦者该指望的对象应是牧师，而不是医生。可是新教牧师又常常会遭遇到另外一件艰巨的任务，因为他需要解决一些天主教神父们不会碰到的实际困难。至少，神父背后有教会的权威支持着，他的经济地位相当安全，而且独立。而一位新教牧师则与此相去甚远，他可能要结婚，要担负养家之责，万一他无此能力，就得不到社会人士的支持或进入修道院。但是，一位神父，尤其是耶稣会的神父则不同，他甚至有研究今日心理学原理的自由。譬如说，我早就知道，当我的著作还未曾被任何一位新教牧师看重以前，在罗马就有神父非常认真地加以研究过了。

现在我们总算是已经达到问题的核心所在了。德国新教教会的分歧现象只不过是许多征兆当中的一个而已。于此，牧师们该明白，只是信仰的谏言，或行善的劝言，已无法满足现代人所要追寻的东西。说起来也奇怪，有许多牧师居然想从弗洛伊德的性欲理论及阿德勒的权力理论中去寻求支持，因为正如我说过的，只要弗、阿两位是对心理价值持反对态度的，他们的学说都是没有心理的心理学。他们的治疗法是阻碍达成有意义的体验的理论治疗法。就目前的情况而言，大部分的心理治疗师都是弗氏与阿氏的门徒。这就等于说，至今大部分病人的立足点仍然是非心理性的——这不是一位心中早已发现心理价值的人所能置之不顾的事实。目前所有欧洲新教国家，对心理学的兴趣离退去的时间还早得很，这正和大家从教会退出的现象不谋而合。如以一位新教牧师的口吻，他会说："今天，大家都跑去找心理治疗师而不去找牧师了。"

我深信，这句话只适用于少数受教育者而已，它并不适合大多数群众。我们不该忘记的是，要普通人开始去思考今天知识分子的思想，至少要等二十年后。举例说，比希纳①的著作《力与物质》（*Force and Matter*）一书，就是二十年后当受教育者已经开始要把它遗忘时，才在德国公共图书馆为人所争相借阅的。我深信，今天流行在受教育者之中那种对心理学的浓厚兴趣，明天将为大众所分享。

我想提醒大家注意下列这些事实。过去三十年来，世界上

---

① 比希纳（Ludwig Büchner，1824—1899），德国哲学家与医生。——译者

有许多文明国家里的人来向我咨询。我治疗过数百个病人，其中大部分都是新教徒，小部分是犹太人，而天主教徒则不过五六个而已。病人当中，年逾中年者——即过了三十五岁——没有一个不是想寻求人生的宗教性观念的。他们每个人生病的原因都是因为已失去了过去宗教所能赐给其信徒的东西，而倘若医生无法使他重新获得宗教性观念的话，那么亦无法真正治愈他的病。这当然和某一特殊的信条或某一教会会籍没有什么关系。

此时，牧师站在了广阔的地平线之前。看起来没人发现到这一点。而且看起来新教牧师今日已不够资格去处理那些我们的时代最迫切的心理需要。是时候让牧师和心理治疗师团结起来，共同去应对这一艰巨的心灵上的重任了。

下面是一个说明这一问题与我们关系多密切的具体例子。两年多以前，在阿劳（瑞士）举行了一次基督教学生会议。会中主席曾当面向我提出一个问题：今天在精神上有痛苦的人是否宁愿去请教医生，而不去找牧师，他们作这种选择的原因何在？这是一个非常直接而且具体的问题。当时，我只知道，事实上我的所有病人都是去请教医生而从不请教牧师。我心中就产生了怀疑，到底这是不是一般的情况。总之，我当时无法作一肯定的答复。此后我便开始进行一项调查，通过我所认识的人去到我不认识的人中间进行调查。我把调查表寄出去，瑞士、德、法等国的新教徒以及少数天主教徒给了我回答。结果非常有趣，下面便是一般概要的说明：决定要请教医生的新教徒占百分之五十七，而天主教徒只占百分之二十五；而决定要去找牧师的新教徒只占百分之八，天主教徒却占了百分之五十八，这些都是最明确的决定者。在无法作决定的人中，新教徒占百分之三十五，而天主教徒只占百分之十七。

那些不去请教教会牧师的人，理由是牧师缺乏有关心理学的知识与见解，持这种答案者占百分之五十二。有百分之二十八的人是因为他们的观点有偏见，指教条上或传统上的偏见。最奇怪的是，其中甚至有位牧师也决定要去请教医生，而另一位说出了极愤慨的反驳语："神学根本和治疗人类毫无关系。"凡是答复此调查表的牧师的亲戚都表明他们不赞成去找牧师。

由于此项调查只局限于受教育者，因此不足重视。我深信没受过教育的阶层，其反应一定不同。不过，我愿意把调查的结果多多少少作为受教育者看法的表征。大家都知道，从最近他们对于教会与宗教的事已经愈来愈冷淡的事实来看，情况更是如此。况且，我们不该忽略刚刚提到的社会心理学的事实，即受教育阶层的人生观要经过二十年的工夫才能渗透到未受教育者的心中。例如，二十年前，或甚至十年前，谁胆敢预言，全欧洲国家中天主教气氛最浓的西班牙，会产生今天这种史无前例的心理改革呢？然而它却像山洪一样爆发了。

我个人觉得，随着宗教生活的式微，神经症也愈来愈常见了。直至目前为止，还未有正式的统计以证明实际数目的增加。不过我确实把握了一点，即欧洲人，其心理状态的各个方面都缺乏平衡。毋庸置疑，我们今天确实生存在一个动荡不安、神经紧张、混乱、观念失常的时代中。从许多国家来找我的病人，他们都是受过教育的人，其中有不少人来找我并不是因为他们患了神经症，而是因为他们无法寻找到生命的意义，或是他们正为今日许多连哲学与宗教都无法解答的问题而感到困惑。其中有些人也许以为我有什么有魔力的公式，然而我却不得不当场告诉他们，我也一样无法解答他们的问题。因此，我们必须对这一问题做实际的思考。

首先且让我们提出一个最平常的问题当做例子：我的生命，或一般性的生命的意义何在？今天的人都相信，他们很清楚牧师对此问题所要说的话——或应该说的话——是什么。他们一想到哲学家的答案就觉得好笑，而一般说来，他们又不太看得起心理治疗师。但是从一位分析无意识的心理治疗师那里，显然可获得某种东西。他也许已经从他的内心深处挖掘出可免费得到的生命意义。要是每位心情沉重的人听说心理治疗师也同样不知何以作答时，一定觉得非常放松。这种表白方针通常便是赢得病人信任的出发点。

我发觉，现代人对于传统的观念与历代相传下来的真理有种消灭不掉的憎恨。现代人是认为过去的一切心理准则与体系皆已丧失真实性的布尔什维克主义者，因此他就像布尔什维克主义者想在经济领域中进行实验一样，也要在精神世界中进行实验。一旦遭遇到这种现代的态度，每个教会机构，不论是天主教或新教，佛教或儒教，自然就要处于岌岌可危的情况了。在这些现代人之中，有一些毁灭性的、破坏性的、固执的、不平衡的、到处都不满现实的人，一窝蜂地追求新奇，其中大部分对于那些运动与活动都产生了不良的影响，他们期望能以最低的代价去找到满足他们缺乏的东西。不用说，在我的职业工作中，我确实已碰见过许多男男女女的现代人，其中便有许多这样的假现代人。且先把他们置之不理。现在我要纳入考虑范围之内的人，不但是没病态的，相反，是一些非常杰出的人，他们遗弃传统真理皆有其真诚而正直的理由，他们都是善良之士。他们每个人都有个感慨，认为现在的宗教真理不知什么原因已经变得很空洞。它们已无法满足科学与宗教的见解，或是基督教的原理已经丧失其尊严及心理学上的道理。人们再也不认为基督之死可赎他们的罪；他们无法相信——他们无法强迫自己去相信，不论他们认为一个有信仰的人会是多么快乐。罪对他而言已经变成是种相对的东西：对甲有利的可能对乙有害。毕竟，释迦牟尼佛所说的不也很对吗？

对于这些问题与疑惑大家都很熟悉。可是弗洛伊德的分析却偏偏要把它们看做是毫无关系的东西。他坚称，人潜抑其性欲才是根本的问题，哲学与宗教观都只不过是事实真相的伪装。倘若我们仔细去研究每个个别的病历，确实会发觉，在性与无意识冲动两方面确实可能会发生特殊的骚动现象。把这些骚动现象解释成整体性的精神骚动是弗氏所采取的方法，但他的兴趣只限于性欲症状的因果解释法。他完全忽略了一个事实，即有某些病人，其神经症假定的原因是一直存在的，而病理效果要等到意识态度感受到外来的骚动侵入之后，神经症才会发作。这仿佛是，当一艘船破了一个洞而慢慢开始下沉时，水手只对那些注入进来的水的化学性质感兴趣。无意识冲动的骚动并不是最重要的，而是次要的现象。当意识生活失去了意义与希望时，就像某种苦痛爆发了一样，我们可听到这样的呼喊："今朝有酒今朝醉，明天可能会死去。"这种由人生意义的丧失带来的心情便是引发无意识骚动的原因，同时，使原来受到压抑的冲动重新涌上来。神经症有其远因与近因，而促使神经症猖獗的却是目前的原因。一位患有肺结核病的人并非由于二十年前他感染上杆状菌而造成的，而是杆状菌的病灶至今仍然活跃。感染的时间与怎么感染到此病，和他现在的病况的关系是很有限的。即使你对于该病历的旧记录有多么详细的了解亦治愈不了肺痨。神经症的情况亦是如此。

这就是为什么我把病人带来的宗教问题看做和神经症有关，并且可能是它的原因的理由。可是，假使我的态度足够认真的话，我该向病人承认，他的感受是有其道理的。"是的，我同意，也许释迦牟尼佛和耶稣讲的话都对。罪只是相对的，并且我们实在很难想象出基督是怎么样以死来为我们赎罪的。"作为医生，我可以很容易地承认这些疑惑，可是，牧师却不然。病人把我的态度看做是一种极有见地的看法，而牧师的犹豫不决则是传统的偏见在作祟，这个偏见便是促成他们的隔膜愈来愈深的原因。他自问："倘若我把我性欲不安的痛苦现象仔细说给牧师听，结果会如何呢？"他的疑惑是对的，因为牧师的道德偏见比起他的武断偏见要强烈得多。接下来这个关于美国总统柯立芝（一位沉默寡言的加利福尼亚人）的故事便可说明。一个星期天的早上，他外出回家后他的太太问他去什么地方了。"去教堂了，"他回答。"牧师讲些什么呢？""他谈到了罪恶。""他是怎么说的呢？""他反对罪恶。"

　　也许有人要说，医生在这方面当然较容易了解。可是一般人都不知道，医生也有道德上的顾忌，而且有些病人的表白，医生根本难以捉摸。除非病人的最大缺陷可被承认接纳，否则他还是不认为别人接纳他。这个不能单凭口头几句话就达成，只有靠医生的诚意，以及他对自己和自己的缺点所持有的态度才能实现。假使医生希望能指导他人，甚至有陪他人走一段路的诚意，他必须直接和病人的精神生活有所接触。如果他轻易下判断的话，便不成为所谓的接触。不论他把判断由口头说出来，或是秘而不宣，都没有区别。而相反的，随随便便就同意病人的看法，也是没用的，这和责骂他一样，常会加深和病人的隔膜。想要和他人接触，便要有不具偏见的客观态度。乍听之下，也许这很像是某种科学的方法，可能被拿来和纯学术的公平心理态度混为一谈。可是我要说的是与此截然不同的东西。它是一种人性—— 一种对事实、事件与受苦者的尊重—— 一种对某种人生秘密的敬仰。真正具有宗教感的人才有这种态度。他明白，上帝使得世界上许多不可思议的怪事发生，而且用尽各种奇妙方法去占据人的心灵。因此，他便在万事万物中觉察出神意旨的无形存在。这就是我所谓的“无偏见的客观性”。这是医生本人的道德修养，他不应该因遭受疾病与堕落的袭击而败退。除非我们去接受它，否则根本奈何不了它。责骂并不能解救病人，反而会使他的意气更消沉。我在打击受我责备的人，而不是成为他的朋友或受难同胞。我不是说，我们如果要帮助病人就不可下断言。不过，要是一位医生希望去帮助他人，他便应该无条件去接受病人的态度。唯有如此，方能谈到帮助病人。

也许这些话听来很简单，可是"至易者常即至难之物"。在现实生活里，做到简朴需要有最高深的修养，对人的接纳便是道德问题的精华所在，同时亦是整个人生观的缩影。帮助饥饿者、对侮辱的宽恕以及以基督的名义爱我的敌人等——这些都是美德。我怎么待人的态度，正是怎么样去待基督的。可是，要是我发觉在我的同胞中，所有乞丐中的最穷者、所有侮辱他人者中最不讲理者，以及那个敌人——就是我自己本人，我便是最需要自己的关爱的那个人——我便是那位需要他人爱的敌人——怎么办？一般而论，一位基督徒的态度便反转了；爱或长期受苦的问题便消失了；我们便责备内心的同胞"拉加"①，并且开始对自己发脾气，开始责备自己。我们避免让他人知道，我们拒绝承认自己亦有过这种卑微的丑相。倘若神本

---

① 拉加（Raca），即耶稣时代犹太人责备人的话。见《圣经·新约·马太福音》第5章第22节。——译者

身以那种令人讨厌的方法接近我们，我们一定在鸡还没叫之前的黎明便拒之于千里之外了！

运用现代心理学去观察病人及其自己生活阴暗面的人——如果现代心理治疗专家不想徒有其名的话，便要这样做——要承认，接受他自己的弱点是难于上青天的工作，也是一件不容易贯彻的任务。一想到这件事，我们都不免要不寒而栗。因此，我们便毫不迟疑，轻轻松松地选择了一条曲折的道路，自己装作不知道，却忙着去管他人的毛病及罪过。这样做，我们便可以装出一副道貌岸然的样子来自欺欺人。如此一来，谢天谢地，我们算是逃避了自己。能够问心无愧做这种事的人大有人在，不过也并非每个人都有办法，少数人在迈向大马士革的路上便倒了下去，开始受到神经症的主宰。假使我自己也是一个逃犯，也患着羊痫风似的神经症，我怎能去帮这些人的忙呢？只有能接受自己的人才有所谓的"无偏见的客观性"态度。不过，没有人敢自夸已经充分接受了自己。我们可举出基督为例，他提供自己的传统偏见给心中之神当祭品，因而不顾及传统的习俗或法利赛人的道德准则而过了他的一生。

作为新教徒的我们迟早都要遭遇到这个问题：我们是该模仿基督的生活，还是该过我们的适当生活，正如他按照上帝旨意去过他的一生呢？要模仿基督的人生确实不是一件简单的事，但要能像基督活得那么真实更是难上加难了。凡是能如此的人便是违背传统力量的人，虽说这样一来他便可不虚此生，不过仍然免不了要受人误解、讥笑、折磨而感到苦恼。他会像是一位该被钉死在十字架上的布尔什维克主义者。因此，我们倒是比较会去欣赏一位在历史上被人奉为神圣的模仿基督者。我绝不会去干涉一位自比基督的僧侣，因为他的精神可嘉。不过，我和我的病人们都不是僧侣，作为一名医生，我有责任指导他们怎么去过一种不会患神经症的人生。神经症是种内心的分裂——自己内心发生冲突的情况。一切强化这种分裂的东西都会使病人走向恶化的道路，一切缓和分裂的东西都会有治疗病人的效果。促成人们和自己发生冲突的是他们感到内心有两个冲突的人存在。这种冲突也许是存在于肉体与精神之间，或在自我与阴影之间。当浮士德说下面的话时："两个灵魂，天啊！各自住在我心里。"他的意思便是如此。神经症便是人格的分裂。

治疗也许可称为是宗教的问题。从社会或整个国家的关系而言，疾病表现为内战，治愈这种状况的办法便要利用基督原谅敌人的美德。我们应以一个善良的基督徒的信心去应对外部世界，同时以此来治疗神经症病人的内在世界。这就是为什么现代人已经对于罪恶与原罪感到厌烦的原因。他心中已为内疚感到异常的痛苦，他想求得怎样才能心安理得——怎样去真心实意地爱他的敌人，而且把狼亦当做是自己的兄弟一般看待。

此外，现代人并不急切地想知道模仿基督的方法，而是想知道怎样去过他自己的生活，不管其生活多么枯燥无味。那是因为，对他来讲，每种模仿都是缺乏生气的行为，因而他要向可能把他限制在他人所走之路上的传统力量挑战。他认为，所有这样的道路都可能使人误入歧途。他也许不知道这一点，但是他的一言一行看起来都令人觉得，他的个人生活好像是经由上帝的意旨而不惜牺牲一切代价也要实现的任务。这便是其利己主义也就是其神经症状态中最具体的罪恶之一的来源。不过凡是有人告诉他，说他太过于利己，他的自信心不免马上丧失，这也无可奈何，因为告诉他的那个人会使他更陷入神经症的深渊。

倘若要我来治疗病人，我将不得不承认，他们的利己主义有其内在的含义。事实上，如果不把它当做是上帝真正意旨的话，我等于就是盲目无知了。我甚至必须帮助病人去助长利己主义的发展；他若是成功了，会渐渐和其他人疏远。他把他们赶走，让他们不要打扰他——这是很应该的，因为他们总是在剥开他利己主义的"神圣"的外衣。其实，我们该随他去，因为那便是他最强大、最健全的力量；正如我所说的，那是上帝的真正意旨，虽然有时他可能陷于完全的孤立。不论他的情况多么悲惨，对他来讲，那还是最佳的处境，因为唯有如此，他才能衡量自己，并且晓得爱护他的同胞是多么重要。此外，也唯有在放逐中与孤独时，我们才能经验到自己本性中的潜在能力何在。

一旦一个人一再亲身经历这样的过程，他一定不会再坚决否认过去的恶可能变善，以及看起来的善可能培养出恶势力的真理。利己主义的魔王引导我们沿着高贵的道路走向宗教经验所带来的丰硕成果。于此，我们观察到人生基本法则——对抗转化——唯有靠此，互相冲突的两种人格才会团圆，内战才会结束。

我之所以举出神经症的利己主义来作为例子，其原因是，它可算为最常见的病征之一。当然我也可举其他的病征来说明一位医生应该怎样对待其病人弱点的态度，以及如何处理所谓罪恶的问题。

这种做法听起来也许容易得很。事实上，接受人性中阴暗面一事，简直是不可能。且请大家试想，容许非理性、荒唐及罪恶存在会是什么样。可是现代人所坚持的便是这一点。他想要样样自己来——去了解自己的真正面目，这便是他遗弃历史的原因。他要打破传统，以便亲自去实验他的人生，亲自去决定一切事物，去了解除了传统假设外在他的自身还有什么样的价值与意义。现代的年轻人把这一态度的许多惊人实例呈现在我们眼前。为要指出这种趋势的可能方向，我想把一个德国学社向我提出的问题举出作为例子。他们问我，乱伦是否应该受到谴责？到底我们凭什么理由说它是错的呢？

透过这种种的时代思潮，我们不难想象人们所可能遭遇的冲突是什么样子。我很理解，为了使同胞免于此困境，大家一定会绞尽脑汁想出办法来对付它。可是，奇怪得很，我们不知所措。以前那么多反对非理性、自我欺骗及不道德的有力绝招，如今却突然失去了效力。现在是我们为十九世纪的那种教育自食其果的时候了。整个时代里，一方面教会拼命向年轻人传道，说明盲目信仰的好处，可是另一方面，大学都尽量鼓吹智慧的理性主义，结果今天我们不知到底该跟从信仰还是理性了。现代人厌倦了这些意见的争论，希望亲自去探求事物的真相。虽说这种希望可能带来极危险的后果，然而我们不得不惊叹佩服它的轰轰烈烈，而且要为它掬几把同情之泪。它并不是件草率的冒险工作，而是出于内心中一种精神的痛苦，因而想要以抛头颅、洒热血的精神，正正当当地去寻出人生意义的行为。固然我们要谨慎从事，可是对于那些全力以赴的人，我们怎可以袖手旁观呢？如果我们反对它，这就等于是把人内心中最善良的部分压抑了——即他的果敢与热忱。万一我们达到了目的，那就等于是阻碍了可能为生命带来意义的宝贵经验。要是保罗听任自己被别人劝说而放弃了去大马士革的计划，那结果将会怎样呢？

凡是认真对待他的工作的心理治疗师势必会对此问题加以审慎的研究。每种场合他都必须作个抉择，是否有支持和协助这种冒险的必要。他不可顽固坚持某一善恶观念，不该伪装知道什么是对什么是错——否则，他便是以其丰富的经验在判断事情了。他应该密切注意事情的真相——凡是真正产生作用的，才是真实的。如果有某种我看来是个错误，但却比真理更有效的东西存在，那么我就该选取错的，因为倘若我选择了自以为对的，便会丧失找到力量与生命的可能性的机会。光明需要黑暗——否则怎可能以光明的形式出现呢？

大家都知道，弗洛伊德精神分析的任务只局限于揭发我们内心中的阴暗面与罪恶处。它只不过引发起一场潜伏的内战，之后，他便置之不顾了。病人需要想尽办法去应付这场内战。但弗洛伊德不幸地忽略了一点，即人是无法单枪匹马去和黑暗之力——无意识之力——交战的。人类随时随地都需要每个个体的宗教所提供给他的心理帮助。无意识之门的打开便是强烈精神痛苦的爆发；这仿佛是一个欣欣向荣的文明遭受到了野蛮

寻求灵魂的现代人 心理医生与牧师

人的踩躏，或像是阡陌良田饱受水坝崩溃后汹涌洪水的袭击。世界大战的爆发最足以说明，那升平世界和潜在的动乱之间的围墙是多么的脆弱。就个人及其理智的世界而言亦是如此。他的理智粗暴干涉了自然威力，因此后者便寻求复仇，等待理智失去效用，便把意识生活加以推翻。自古以来，人类深知此一危机，即使在文明最原始的阶段中也是如此。为了要避免此危机的威胁及治疗已产生的创伤，他才发展出所谓的宗教及魔法习俗。这就是为什么医师亦被称为牧师的原因：他同时是肉体与灵魂的拯救者，而宗教便是治疗心理疾病的组织，特别是人类两种最伟大的宗教——基督教与佛教。人无法因其所想出的东西而解脱他的痛苦，唯一的办法只有凭借比他更伟大的智慧。唯有如此，他才能超越苦楚。

今天，这种破坏性的力量已经出现了，而人类的精神亦正受到它的折磨。这就是为什么病人们逼迫心理治疗师扮演牧师角色的原因，而且亦盼望和要求他替他们解除痛苦。这亦是为何心理治疗师们需要去处理那些严格上讲来属于神学家的工作。不过，我们不能让神学去答复这些问题；受难者精神上的迫切需要接踵而至。既然，一般讲来，传统的观念和方法产生不了效用，我们就应该先和病人一起向追溯其病根的道路迈进——那条使他内心产生冲突，使他的孤独感日益强烈的错误途径——希望从产生破坏力的心理深处亦能找到拯救的力量。

当我从事这项工作之初，不知道结果会怎样。我不知道深藏在心理深处——那个我曾称为"集体无意识"的地区，而其内容我称之为"原型"的东西是什么。远自洪荒太古时代，无意识就存在了，而且再三地重复着。最初意识并不存在，每个小孩都要从一岁开始慢慢建立意识。在塑造期间的意识是薄弱的，历史告诉我们，人类最初亦是如此——在那段期间，无意识很容易占上风，其间两者的搏斗留下来不少痕迹。套句科学的术语说：当危机到达高潮时，已发展出来的本能自卫机制便自动出面干涉，通常它们发生作用都是以幻想中的形象出现，深植于人类内心永不消失。当需要极为迫切时，这些机制才会出现而发生作用。科学只能证明这些心理因素的存在性，并且提出有关其来源的假说作为一种理性的解释。无论如何，问题还是存在，谜底还是没揭露出来。因此，我们就要谈及下面这些问题：意识来自何处？心理是何物？对于这些问题，科学便无能为力了。

似乎当病况到达高峰时，破坏力会变为治疗力。这是由于原型于此开始过着独立的生活，并且成为个人的精神引导，亦因此把充满无用的愿望与挣扎的不适当的自我除去。正如一个具有宗教精神的人所说的：指导来自上帝。对于大部分病人我都避免使用这种说法，因为它常会令他们想起许多要反抗的事物。我必须想出更适当的话，去告诉他们心理已经苏醒过来并且想获取一种自然的生活。事实上，这种做法确比前一种更切实际。那些平常在意识状态下无法看出其由来的主题，现在开始在梦中或幻想中出现，此时变化产生了。对于病人来讲，它是源自深藏在内心的东西——某种不是"我"的怪东西——因而便不是个人的空想所能了解的东西。他终于找到了心理生活来源的门径，而且这便是痊愈的开端。

要充分了解此一方法，显然我们必得借助于许多适当的例子来说明。然而，要找到一个可令人信服的例子几乎不可能，因为一般说来，它是个极微妙、极复杂的问题。能够发生如此深远效用的方法，都得依靠病人在梦中对付困难所得到的深刻经验，或凭借其在意识心理下毫不知悉但在幻想中却可获得的指示。像这类的内容，最常见的都是原型性质的，而且以某种方式相互关联，不论意识心理了解与否，都具有极大的影响力。这种自然流露的心理活动常常强烈得令我们仿佛看到了幻觉似的影像或听到了内心的呼唤声。这些都是远自太古以来为人所直接体验到的精神表象。

这类的经验是给予受难者历尽沧桑的回报。自此以后，阳光照耀，迷惑尽消；他可以亲自调解他内在的争端了，在其本性中的病态分裂与另外一个较高超的境界之间架起一座桥梁。

　　由于现代心理治疗的基本问题太重要、太深远了，因此在这短短的篇幅里无法作巨细靡遗的讨论，尽管为求清晰起见这个工作其实非常重要。我的主要目的是提出心理治疗师在他的工作中所应采取的态度。其实，最适当的办法是彻底加以了解，这总比东抄西抄的治疗法理想些，因为如果不弄清楚的话，那些方法是没用处的。心理治疗师的态度远比心理治疗的理论和方法更为重要，这就是为什么我急于把这态度让大家了解的理由。我相信，我已作了可靠的说明。至于牧师应该采取什么办法以及多大程度去帮助心理治疗师，我只能分享一些信息，让大家去决定。我还深信，我所描述的有关现代人精神观念的图景是与实际情况相符合的——当然，我不敢说，完全没错。不过，我所谈到的神经症治疗方法及其相关问题，确是不易之理。作为医生的我们自然欢迎牧师对于我们为治疗心理受苦者所作的努力给予一些同情性的支持。可是对于充分合作所可能产生的困难我们是很清楚的。我个人的立场是站在新教徒的极左翼，可是我要首先警告大家，千万别随便凭借自己的经验乱下判断。作为一名瑞士人，我是一个根深蒂固的民主主义分子，然而，我承认自己本性是贵族的，而且是个神秘论者。"朱庇特可做的，公牛不可做"是一句刺耳的永恒真理。谁的罪能够完全被原谅呢？只有那些充满爱的人。而那些心中无爱的人，会受到自己原罪的攻击。我深信，大部分人之所以投入天主教的怀抱，乃是因为他们能在那里得其所望。我亲眼看见并且深信这个事实，原始宗教比起基督教要更适合于原始人，因为他们对于基督教感到非常不可思议，和他们的血液格格不入，因此对它深恶痛绝。我也相信，一定有许多新教徒反对天主教，而且也有天主教徒反对新教的——因为精神的表现形式确实非常奇妙，而且和上帝创造的世界一样五花八门。

活跃的精神一直在进步，而且越过了以前的表现形式；它随心所欲地进入人的心中而且喧宾夺主。此种活跃的精神自人类有史以来都是永恒更新的。与之相比，人类所给予它的名称与形式显然是微不足道的；在永恒的树根上，它们只能是更替的树叶与花朵罢了。